Finding Your Way to Change:
How the Power of Motivational Interviewing
Can Reveal What You Want and Help You Get There

Allan Zuckoff   Bonnie Gorscak

动机式
访谈手册

[美] 艾伦·祖科夫

邦妮·戈斯卡克 / 著

庄艳 / 译

重庆大学
出版社

推荐语

这本引人入胜的著作将引领你开启一段深刻的心灵探索之旅,让你直面人生中最亲密却最具挑战性的关系:与自己的关系。书中汇聚了众多先行者的真实故事,他们不仅坦诚分享了陷入人生困境时的挣扎与迷茫,更生动展现了突破重围的智慧结晶和重获新生的喜悦。这既是一本传递希望之光的指南,更是一份赋予持久改变力量的人生礼物。

——戴维·B.罗森格伦 博士

预防研究所

本书中的方法犹如一簇希望之火,不仅能点燃改变的勇气,更能指引你从绝望的谷底迈向积极行动的彼岸。其中精心设计的练习简单却富有深意——它们彻底改变了我看待自身困境的视角。更令人惊喜的是,书中的智慧自然而然地融入我的生活,让我在帮助一位寻求建议的朋友时,也能游刃有余地运用这些深刻的见解。

——特蕾莎·B.莫耶斯 博士

新墨西哥大学心理学系与酒精中毒、药物滥用和成瘾中心当一位朋友得知我正在考虑转行时,她郑重向我推荐了这本书。这本书为我打开了一扇全新的大门——它基于个人职业兴趣与长远愿景,为我提供了一套系统而实用的决策工具包。书中那些深入浅出的概念和技巧,让我在规划职业道路时如获至宝。以往我总是困在简单的利弊清单里举棋不定,而这本书却教会了我如何运用更全面、更深刻的思考框架来做出人生的重要抉择。

——约翰·弗里茨

如果你曾经对自己说过"我真的想改变,但是我好像做不到"这样的话,那么你需要读一读这本书。祖科夫博士认为,我们的内在有股强大的力量,它会破坏我们的良好意愿和精心制订的计划。他为你提供了实用而科学的工具,帮助你了解为什么你会原地踏步,以及如何有效地解决这个问题。

——亨尼·韦斯特拉 博士
加拿大约克大学心理系临床心理学专业

行为的改变是一个曲折的旅程。这本书用了很多人们在面临不同挑战和问题时的感人故事,从而引导你去处理矛盾、找回自信,克服错误的开始,应对善意的建议和唠叨,并做出有意义的个人决定和计划。

——卡洛·C.迪克莱门特 博士
美国专业心理学委员会,《变得更好》的合著者

这本书是一本富有同情心的陪伴手册,帮助你发挥自己的力量,按照自己的节奏前进,释放改变的能力。它提供了一种非评判的、循序渐进的方法,引导你用勇敢的新行为方式来满足你的需求。

——南希·K.格罗特 博士
华盛顿大学社工学院

很多自助书籍都提供了如何改变的妙招，但是其中的大部分都忽视了最明显且最重要的因素——内在动机。数十年的研究证实，如果我们没有内在的改变动机，那么外界的所有帮助将不起作用。祖科夫博士恰恰提供了个人成长世界中缺失的一环。这本书是一颗宝石。

——乔尔·波特 心理学博士

澳大利亚布里斯班生活美好临床主任

本书采用经过科学验证的方法，帮助你摆脱困境，制订行动计划。书面练习有助于激励你去反思和自我发现，并协助你探索矛盾心理、目标和两难困境。书中的案例极好，五个人物都很容易理解，他们做出重要改变的例子将陪伴你完成整个过程。

——霍莉·A.斯沃茨 医学博士

匹兹堡大学医学院精神病学系

我很高兴动机式访谈现在已可供所有人轻松使用。这本书提醒我们，改变的最大动力存在于每个人的内心，可以通过激发练习来释放这种力量。

——桑迪·唐尼 理学硕士

弗吉尼亚州哈德森堡心理治疗师、执业专业咨询师

序　言

　　三十多年前,我们引入了动机式访谈,作为来访者与咨询师之间对话的一种方法。自此之后,很多研究发现,它还是一种帮助人们改变的有效方法。我们最初采用这种咨询方式是为了帮助人们面对生命中艰难的挑战,比如改变影响健康的习惯或者摆脱毒瘾。我们发现,当人们面对为什么要改变以及如何改变的问题时,深度聆听会有所帮助。

　　这本关于动机式访谈的书,提出了一个新问题:你能不能用相同的见解和实用想法支持重要的改变? 这本书强调,在心理咨询和自助领域之间存在着紧密的联系。联系之一是矛盾心理或不确定是否要改变。这是我们在咨询中强调的东西,对这种内在冲突的理解是第一章的重点。联系之二是,温柔地接纳自己可以作为改变的基础。当你觉得自己不被接纳时,改变就很困难;当你卸下压力,接纳自己的处境时,一切就变得可能了。

　　本书基于动机式访谈的原则和实践,旨在帮助你摆脱矛盾心理,并朝着你可能选择的在生活中做出积极改变的方向迈进。它汇集了动机式访谈在自助领域中的最新知识和见解,提供了有用的思路,但没有自助书籍常见的夸夸其谈。作者不会提供速成的技巧或者承诺为你提供你所缺乏的东西,相反,他们会帮助你发现内心已经拥有的东西,并激发出你自己的改变动机和智慧。

对要不要做出改变有矛盾心理是人类常见的困境。我们乐于见到作者把动机式访谈的科学和实践转化为一本实用的技术手册,它适合任何想要找到改变方式的人。

威廉·R.米勒博士

新墨西哥大学心理学和精神病学名誉杰出教授

斯蒂芬·罗尔尼克博士

威尔士卡迪夫大学医学院科克伦初级保健和公共卫生研究所

荣誉杰出教授

致　谢

作为一名治疗师，当我在公立门诊看到有成瘾和精神健康问题的人，就被动机式访谈所吸引。它看似简单，却往往具有深远的影响。能够有机会分享我在治疗室或者培训室之外学到的东西，感觉既是一份礼物，也是一种成就。

我由衷感谢威廉·R.米勒和斯蒂芬·罗尔尼克两位学者。不仅因为他们持续推动动机式访谈的理论发展与临床实践革新，更因为他们身体力行地诠释了这一疗法的核心精神——在面对人际冲突时始终秉持临在、宽容、温和与谦逊的专业态度。这些珍贵的价值观不仅塑造了他们的学术品格，更为动机式访谈注入了持久的人文生命力。

动机式访谈培训师网络（MINT）的成员都致力于发展人道的生存方式和国际多元化精神，这映衬了动机式访谈创始人的美德。通过年度论坛和全年电子通信，他们挑战并深化了我对动机式访谈的思考，给了我一种前所未有的社区感。特别是在撰写本书的过程中，桑迪·唐尼提供的反馈和支持，产生了重大影响。我还要感谢动机式访谈培训师网络董事会的同仁们，他们让我明白，无私的团队工作可以取得多么大的成就。

临床研究人员对于新咨询方法的研究不仅对创新进行了检验，而且还沉浸其中，从而加深了对其运作方式的理解，并更有能力把这份理解传达给一线咨询师。我很荣幸能够和一批杰出的研究人员合作进行动机式访谈的相关研究，他们当中有霍莉·斯沃茨、南希·格罗特、布莱尔·辛普森、玛丽·阿曼达·杜、梅兰妮·戈尔德、凯瑟琳·谢尔、艾伦·弗兰克和丹尼斯·戴利。

我之所以有机会写这本书，是因为《培养动机式访谈技巧》的作者戴维·罗森格伦认为我是这份工作的合适人选，并把我推荐给了吉尔福德出版社的编辑。在此之前，我有很多理由要感谢戴维，但这个理由是最重要的。

凯蒂·摩尔（Kitty Moore）和克里斯·本顿两位编辑为我提供了指导，他们敏锐的洞察力、写书的智慧以及对我的鼓励和十足的耐心，让本书得以完成并变得更好。还有特蕾莎·莫耶斯，她审阅了这本书的手稿，肯定了真正的动机式访谈的优势并指出可以改进、提升的地方。

我的弟弟米切尔·祖科夫是一个新闻学教授、获奖记者和畅销书作家。然而，对我来说，这些成就与他作为一个父亲、一个丈夫以及一个正直男人所取得的成就相比显得微不足道。他曾写道，不管我们多大，他都会一直努力给他哥哥留下深刻印象。我希望他知道，我敬仰他，就像他敬仰我一样。

我和弟弟都当了老师，这绝非偶然。锡德·祖科夫（Sid Zuckoff）——我们的父亲和偶像，让我们看到认真对待头脑中的想法，并帮助他人学习的重要性。他还用自己的行动教导我们要无私而慷慨地为我们所爱的人付出。他对手稿的仔细校对就是在践行这个原则。

我儿子亚力克斯·祖科夫，从一个可爱的、有着惊人的心理学头脑的男孩成长为一个充满激情的、聪明的、有创造力的和善良的年轻人。他就是活生生的例证,能够见证:我们从孩子身上学到的东西和他从我们身上学到的东西一样多。当他来到这个世界时,他赋予了我的生命新的意义,并且他继续让整件事情变得有价值。

两个女人贯穿了我的一生。我的母亲,格里·祖科夫,一心一意地努力让她的孩子、丈夫以及她所接触的每一个人得到幸福和健康。她是一位非凡的女性,所以我才有能力和愿望去成为一名心理治疗师。邦妮·戈斯卡克是我工作和生活中的搭档。她环游了世界,看到了其他人不曾看到的人性。她与人相处时善解人意又包容、接纳他人,她不懈努力,去解开人们关于动机和行为的谜团。当我遇到她时,我觉得她就是我的另一半,甚至更多。和她结婚是我做过的最好的决定。

艾伦·祖科夫

作者声明

作者在致谢里表达"如果没有配偶的支持是无法完成自己的作品的"是一个传统,然而,这并不是陈词滥调。

这本书中关于我对动机式访谈的理解,是我通过20年的实践、教学和研究得出的。所有以作者口吻写作的内容都是我亲自写的。

这里有两点需要说明一下。第一,描述改变的矛盾心理的本质、是什么让人们停滞不前、如果人们选择去改变可以如何改变,以及我们设计出基于动机式访谈的活动来帮助读者探索和解决他们自己的矛盾心理是一回事。第二,创造一群有自己的矛盾心理的个体,并设想他们会如何回应这些活动,是另一回事。后者是我的合作者邦妮·戈斯卡克的独特贡献。我们一起思考选谁来作为陪伴读者的五个人,一起设计了他们的经历和他们面临的两难困境。(这五个人都是我的来访者的综合体。出现在这本书里的其他所有人物,也都是我工作过的真实对象,除了第六章邦妮和凯莉的故事以及第九章我自己的故事,这些故事是按发生时的情况描述的。为了保护他们的隐私，故事和人物中涉及可以辨别出身份的元素和特征都做了改动。)邦妮还起草了这五个陪伴者对本书大部分活动的回应，以供我修订。所以，事实上，如果没有她的帮助，我就不可能完成这本书。

目　　录

序曲

考虑改变

生命中有些东西已经成为一个议题。

- 它可能是一种习惯——你想消除的习惯，或者你想培养的习惯。
- 它可能是一个处境——你正在思考如何走出来或者正在犹豫要不要进入。
- 它可能是一种模式——你如何与他人相处或者试图从生命中得到你想要的东西。

不管这个议题是什么，它都不会消失（虽然你可能希望它会消失）。也许有人想要你改变，但你还不确定自己是否需要改变；也许你觉得有些事情必须去做，但是没有想好做什么；也许你知道你应该做什么，但是做出这种改变意味着你要放弃对你真正重要的东西，或者有些你还无法确定的东西让你迟迟没有行动；又或者，你知道你很想做出某种特定的改变，但你也不相信你可以做到或者你看不到实现它的方法。

尽管这个问题可能是新问题，但如果你多年来一直在处理这个困境，在犹豫不决和无所作为中挣扎，这并不奇怪。因为当涉及重要的人生问题时，陷入困境是正常的。人们可能会陷入的习惯、处境以及模式的多样性令人震惊：

- 酗酒、吸毒、抽烟、赌博、购物狂以及过多或者过于鲁莽地进行性生活，危害了你的健康、事业、财务状况或者你所关心的人。

- 努力控制饮食或者体重。

- 知道你应该多锻炼，但从没有做到（或者在每次开始的时候就放弃了）。

- 继续留在你觉得应该离开的关系、工作或者职业中。

- 失去对情绪的控制、做出破坏性行为或压抑情绪，感到迷茫、空虚或者沮丧。

- 抱着你希望可以放下的怨恨不放手，或者费力地决定是否要原谅伤害过你的人。

- 拖着大大小小的事务一直不处理，虽然你一直觉得应该行动起来。

无论问题是什么，无论你为此奋斗了多久，你都可以拿起这本书，看看它是否能帮助你摆脱困境。我相信它可以。这本书是基于动机式访谈的框架、策略和精神的。动机式访谈是一种具有有效记录的咨询方法，可以帮助人们在非常短的时间里解决困境，哪怕是长期存在的两难困境。

不要被这个名字所迷惑。动机式访谈（简称"MI"）跟新闻行业或者求职面试一点关系都没有，它也不是一种让人"疯狂"的激励人的方法。动机式访谈帮助那些正在考虑改变的人获得他们本自具有的内在动机和积极行动的能力。当由咨询师或医疗保健人员来提供动机式访谈的话，它是比较短程的，有科学研究表明它可以在几次会谈后就产生效果。[1] 它也可以作为一本书的基础，因为它主要不是通过从业者的知识和专长来发挥作用，而是通过认识和建立一个事实：改变的最大力量存在于自身内在，帮助你改变的关键是找到这股力量并采取行动。

---

1 如果你对动机式访谈背后的科学性感兴趣，在这本书最后的附录中，你可以获得关于这种方法的研究和历史。

我们会在后续章节中介绍动机式访谈如何帮助你的细节,但是现在我们可以简洁地概括其精髓:动机式访谈将帮助你聆听自己,而不是对自己说教,并帮助你理解是什么让你陷入困境,而不是要求你自己摆脱困境。当你"认真倾听"自己,小心谨慎、尊重自己且不带任何评判时,你就会发现自己正在挖掘自然的内在动机和积极改变的能力,它存在于我们每个人身上。

你可能会说,正如动机式访谈的一位创始人所说,参与动机式访谈就像在分娩时有助产士在场一样。助产士并没有生孩子,而是妈妈做了所有艰辛的努力。但是,如果有一个人知晓生孩子的全部细节,懂得如何帮助一个妈妈利用自己的力量和愿望来生出一个健康的孩子,而且这个人也可以引导她度过艰难且会改变人生的这一刻,那么一切都会不同。这就是写这本书的目的:一本循序渐进的指南,引导并唤醒潜伏在你内心深处的等待诞生的动机和改变能力。

现在,人们对于这类书有很多看法——充满希望和开放的心态,抱有怀疑的态度,或者只是迫切地寻求任何可能有帮助的东西。但你很快就会发现:自己最初的看法是否合理,这本书是否为你提供了你正在寻找的东西。

但首先,我想告诉你,有一件东西你不能在本书中找到,那就是你对缺失的东西的感受,这有助于你现在就决定本书是否适合你。

你最不需要的就是他人告诉你该做什么

这本书不会告诉你如何解决生活中的问题。

如果你思考这个问题很久后,才拿起这本书,那么至少有一个人已经告诉你应该做什么以及为什么这样做,这是一个很好的变化。不管这些信息是以什么样的方式来到你面前的,建议、劝说或者要求,最重要的是要明白这一点:你仍然在寻求帮助以摆脱困境。人们告诉你该做什么并不能解决问题,甚至可能让你的境况变得更加艰难。

但这不是很奇怪吗？如果有人更喜欢指使你而不是帮助你，或者更愿意批评你而不是支持你，那么显然你根本不会感激他。但是如果那个人真心为你着想，并且很了解你，或者在处理类似问题方面很有经验的话，这种方法怎么可能不奏效呢？

让我们再仔细看一看。当一个人了解到你在生活的某些方面遇到困难，他为你提供一些建议，你可能马上就知道这些建议对你不起作用：因为你已经试过了，或者感觉不太合适。（我们会在第三章中讲到"适合"的关键思想）。你会怎么做呢？你可能会说很多或者只是礼貌地微笑，说声"谢谢"，然后转移话题。此外，如果这些建议非常明显，如下：

- "你试过戒掉糖果吗？"
- "也许你应该跟你的伴侣谈谈这件事。"
- "提醒自己，一旦工作完成，你会感觉好多了。"
- "如果你只是在社交场合喝酒，而不是独自一人喝酒，会怎样？"

估计这时你的笑容可能有些勉强。你会怀疑给你建议的人是不是真的认为你太愚笨，到现在还没有想到这一点！

如果这个建议不是那么明显，而且你之前没有尝试过，你可能会认为，"是的，我应该这么做。"但是它还是没有发生，因为你可能做了一点尝试，然后放弃了；也许随着时间的流逝，你忘记了或者不再考虑它，直到它再次被提起，你又会认为："是的，我应该这么做。"从那时起，无论你是又忘记了，还是你因为没有采纳建议而感到难过，结果都是一样的，没多大改变。

什么都没有发生，除非你下次再见到这个人时会发生什么。如果你觉得他还会谈起这个话题，你可能会躲着他/她。你真的不想听到同样的建议或者因为拒绝而伤害一个好心人。

当然，这个人可能会做更多，不仅仅是询问你的进展如何，或者重复同样的建议；他或她可能会尽力说服你遵循以下建议：

005

- "你难道不知道锻炼对你的健康有多好吗？你将会能量满满,也更好看,这对你健康很有好处!"

- "你真的需要原谅你的前任。我看得出来,心怀怨恨会不断侵蚀你的活力,而它唯一能伤害的就是你自己。"

- "你应该开始找新工作了。你那么努力,你的老板也不欣赏你!我敢打赌,如果去找的话,你可以找到10个比现在更好的岗位。为什么你不去投简历呢？为什么你不试试在线求职网呢?"

你可以想象如果有人对你说这样的话时,你能感受到它的威力吗?你可能不太会做出如下反应:"是的! 为什么我没有想到这些呢? 我会这么做的!"

相反,你可能会假装同意:"哦,是的,真是个好主意,我会去做的,"你会笑着点头说,直到你可以切换话题或者结束谈话。我把这个称为"摇头娃娃"效应,这就是人们每天去看牙医时所做的事情,当洁牙师问他们多久用一次牙线,他们撒谎了! 或者,更笼统地说,他们就说洁牙师想听的话,有点含糊其词,在洁牙师再次讲解牙线的正确使用方法时,他们就点头微笑。这种策略是为了避免说教,尽量减少他们因不使用牙线而感到的尴尬和内疚,也是为了防止洁牙师认为他们"不好"或者给他们贴上"不配合"的标签。

另一方面,你也可能会用经典论调"是的……,但是……"来回答。

- "我知道锻炼对我有好处……,但是开头好难啊,而且我的时间太少了。"

- "我真的应该原谅他;放手对我来说真的很好……只是我无法接受他表现得如此恶劣,我就是不明白他怎么可以那样对我。"

- "你说得对,我应该在工作中被更好地对待,没有我,他们会迷失方向……,然而,现在局势并不好,很多非常优秀的人都在找工作——竞争会很激烈。"

你会发现,这些回应并没有让你更容易采纳建议或者做出改变。事实上,你并没有感到准备好、愿意且有能力采取所建议的步骤,反而可能会感觉更不自在。

当给建议或者进一步努力劝说演变成直接施压时,情况就更是如此。如果你曾经被威胁不听从他人的话就会有可怕的后果——

- "要么你戒酒,要么我走!"
- "如果你不马上控制住血压,你的肾脏就会受损,并面临严重的心力衰竭风险。"

——或者成为别人羞辱的目标——

- "你怎么能和他在一起呢? 难道你一点自尊都没有吗?"

——或者让你感觉到非常内疚,以至于被迫改变。

- "如果你爱我,你就会更好地照顾好你的身体,而不是放纵自己。"
- "你真自私,把所有的钱都花在买衣服和其他你不需要的东西上,而不是把钱省下来买真正重要的东西。"

——然后你知道这些策略的效果了。你有一部分会觉得好像你必须按照那个人说的去做,而且开始思考如何去做,但是,同时,你的另一部分却产生了非常不同的反应:

- 反抗:"随便你怎么威胁我,但你无法强迫我。"
- 轻视:"我知道很多人在这方面比我还严重,但是没有人告诉他们必须停下来。"
- 焦虑或恐慌:"我该怎么办? 我必须做点什么! 但做什么呢?!"
- 无助和不知所措:"我知道我必须停下来……但不知道怎么

做……很糟糕。"

- 耗在愧疚感、羞愧和自我厌恶中："我怎么了？为什么我不能像正常人一样行事？"

对任何一个正陷入困境，却没有办法做一个决定或者承担失败损失的人而言，所有未经请求的建议、理性说教、威胁或者对抗都是有害的。不管出发点有多好，任何想指导你做出决定或者行动的、不是发自内心想做的努力，都只会将你的精力和注意力从解决问题转移到解决压力源上。它们会导致你逃避、伪装、否认或者放弃，让你感到沮丧、士气低落，总的来说，你的自我感觉比以前更糟。

这又回到了本章开头那个声明"这本书不会告诉你如何解决你生活中的问题"。

想象一下，如果一开始我就这样写道："别犹豫了，开始改变吧！不要再找借口了；我知道你可以的；是时候行动了，我会告诉你怎么做。"看到这些，你会有什么反应呢？很可能在那一刻，你会感到如释重负甚至兴奋："是的，我现在就去行动！"但是这种感觉不会持续太久；当激情消退，怀疑就悄然而至："我真的想这样做吗？我真的能坚持下去吗？现在真的是合适的时机吗？"如果你没有感觉到这种最初的热情，那么你的反应肯定会像我描述的那样：表面同意加上轻描淡写或精神上的"是的，但是"，内心却愤怒、内疚、羞愧或无助，因为你无法按照我告诉你的去做。

这本书如何帮到你？

这本书的初衷，也是动机式访谈作为帮助人们做出改变决定的方法的出发点是这一核心见解：你之所以还在考虑中，没有做出决定或者没有进行改变是有充分理由的。当人们在充满竞争的欲望和需求或未来愿景之间左右为难时，他们处于一种状态，被称为"矛盾心理"。矛盾心理是很难通过建议、劝说、训诫、对抗或者胁迫得到解决，这些只会让人们陷入更深的泥潭。因此,让自己自由前进的方法首先是好奇你不想改变的部分,其次是接纳这个事实,并意识到这个才是完全正常的开启方式。

动机式访谈的魅力就在于它能帮助人们减轻压力。这些压力从你发现自己还没有准备好、没有意愿或能力去做选择的时候就一直在积累。它可能来自外在,比如那些变得坚持、挑剔或不耐烦的人,也可能来自内在,而且通常确实如此。事实上,就像你后面会看到的,人们常常给自己施压,以致他们对来自他人的这些建议、劝说和指导反应如此强烈。

不管这压力来自外在、内在还是两者兼而有之,你越是感到被逼着"就这么做",你就越有可能陷入挣扎,甚至陷入无法抽身的泥潭中,或者干脆逃离这种情境。反之亦然:来自内在和外在的压力一旦都消失了,动机式访谈就可以带你找到自己的答案,回答该做什么以及怎么做的问题。

进展

本书把动机式访谈的力量交到你手中,并提供具体的、可操作的步骤,帮助你做出适合你的决定,并最终实现它。首先,我会帮助你明白为什么人们在面临艰难的改变决定时会陷入困境,并找出是什么让你陷入困境。其次,我会介绍关于改变的重要性和信心这两个关键因素,帮助你减轻你一直承受的压力,并认识和欣赏你本身就拥有的积极品质和优势,它们可以帮助你解决困境。我们将探讨你的困境,挖掘你最重要的价值观,将其转化成你积极改变的动力,并帮助你建立起自信,来应对未来的挑战。当时机成熟时,我会指导你制订个人改变计划,其中只包括你认为正确的步骤和策略,然后去实现并维持你已经进行的改变。

和本书的内容("是什么")同样重要的是你在阅读过程中,我与你的互动过程("怎么样")。我将邀请你写下你对正在应对的问题的想法、感受和经历,比如写在日记中。

我给你的问题会帮助你以全新的方式思考你的困境,当你回答问题时,我会经常邀请你回到你的答案上,对它们有更多的思考(并写下来)。这就是我所说的"好好倾听自己":一个好的倾听者并不只是听你说的第一句话,而是继续听下去,邀请你进一步思考,更深入地发现那些你自己不曾意识到的关于你自己和你的处境的部分。(实际上,我有时会要求你在大声朗读你的回应时倾听自己,以帮助你重新思考它们,原因我后面会解释。)你对自己所处困境的理解会因此而改变和成长。这就是我将如何帮助你找到你自己的答案而不是我给你我的答案。

本书中的每一步都是在动机式访谈的"精神"指导下进行的。这是创始人威廉·R.米勒(简称比尔)和斯蒂芬·罗尔尼克(简称史蒂夫)博士命名的。这种"精神"包含以下四个部分:

1. 接纳,包括对自主权(自主、自我;自律:"自我管理")的持久尊重和对每个人价值的肯定,哪怕他正面临做一个改变的决定,以及渴望深入且不带任何评判地了解那个人。

2. 承诺:对合作关系的承诺,一个寻求改变,一个帮助他改变,将两者的愿望结合起来。

3. 信念:坚信唤醒或者诱发出人们的内在愿望、价值观、目标、优势和能力,才是帮助人们成功制订改变计划并执行决策的最有效方式,而不是努力灌输"正确的"的想法或专家意见。

4. 悲悯心:对每一个正在做出重要人生决定时无法确定自己的决定是否正确的人抱有强烈的悲悯心,他们在执行这些决定稍不留神就会面临阻碍改变的障碍和挑战。

在哪里卡住就从哪里开始应对困境。因为没有单一的途径可以解决矛盾心理,所以有时候,你完成的活动以及完成的顺序,会根据你在进程中需要什么而有所不同。

同样,阅读这本书也没有一个"正确"的节奏。集中完成某一个章节特定部分的活动或者在相对较短的时间内完成每一章的活动,都可以防止你迷失方向。在几天或者几周内完成第一部分和第二部分的活动是完全有可能的,第三部分可能花费的时间长一点,这取决于你选择什么类型的改变(就像你将看到的)。不过,最重要的是找到适合你的节奏,不要匆忙,也不要有压力,不然你会很难保持深思熟虑,但也不要太慢或者断断续续,不然你就会分散注意力,没法集中精力来做这件事了。定期回顾本书中的活动,将为你提供解决困境的最佳机会。

在动机式访谈精神的指导下,在其经过研究验证的方法的影响下,你手上这本书可以成为你很好的支持和陪伴,帮助你解决改变过程中的困难。如果你觉得这种方法适合你,那我们就开始吧。

第一篇

你不必改变

1

陷入矛盾

我曾与许多心理健康工作者、医疗工作者、成瘾工作者（治疗成瘾患者的人）以及社会工作者讨论过"人是如何改变的"这个话题。每一次，我都问在场的人一个问题：你们会花多久的时间来考虑是否要在生活的某一个方面做出改变。只要稍加提示，这些治疗师、咨询师、医生、护士、个案工作者以及其他的专业人员中的大多数人就会（羞怯地、直率地，有时甚至挑衅地）喊出"几个月""一年""两年""三年"，然后（他们的同事们越来越觉得好笑，并会意地点头）"五年""十年""二十年"……

当面临重大的人生决定时，人们陷入困境是很正常的。专业助人者是如此，你也是如此（事实上，其他人也是如此）：他们经常会沮丧、恼怒地陷入一种状态，即矛盾心理，这是人之常情。

当一个选项比另一个选项更可取时，大部分人都会毫不费力地做出选择并追求最优方案。但通常选择似乎并不那么明确。当人们在两个或多个选项之间做选择时，如果其中两个（或所有）选项都很有吸引力或者都没有吸引力，就会产生矛盾心理。

在某些情况下，当你面临两个都特别想要的选项时会陷入矛盾，比如两份好的工作机会或者两段令人兴奋的人际关系。在其他情况下，情况则相反，你将不幸地被迫决定两害相权取其轻，就像一个人被敲诈勒索，他必须选择是付钱给敲诈勒索者还是让其秘密公之于众，或者（举一个日常生活中的例子）一个人必须决定做不愉快的家务还是承受不做家务的后果。

但是,最难的是在两个或者多个选项之间作选择,每个选项都有其优点和缺点,或者有些方面让你想接近它,有些方面让你想远离它。

简单的例子或抽象的描述无法充分说明这种冲突,也不能帮助你摆脱矛盾心理。相反,请允许我介绍五个像你一样陷入困境的人。他们的故事会让你看到矛盾心理是多么复杂和棘手,并为更深入地审视你自己的矛盾心理奠定基础,这也是你了解如何解决矛盾心理的第一步。

会见亚克力、芭芭拉、科林、达娜和艾莉

亚克力:人们都希望我改变,但是我不需要。

亚力克今年39岁,和妻子温迪以及11岁的女儿简住在小城市的郊区。作为一家科技公司的销售人员,亚力克的工作很成功,但是工作压力很大,他经常感到很累。他爱他的家人,但是他不能按自己希望的那样花很多时间来陪伴他们。他有一些朋友,但是很难说他和谁特别亲近。大多数时候,亚克力不是在工作就是在跟客户应酬。不过,他有一个爱好,就是慢慢修复一辆老款肌肉车[1](他买它是因为这是他小时候就想要的车),现在他似乎也没有太多时间花在这上面了。

亚力克的困境:决定如何解决自己的酗酒问题。

他从不认为自己是一个酒鬼,如果有人这样形容他,那他一定会感到很尴尬。大多数时候,他根本不认为喝酒是一个问题,尤其是当有人告诉他这是一个问题时。那个时候,他坚持认为自己是一个社交饮酒

---

1 肌肉车出现于20世纪八九十年代,用来形容20世纪六七十年代生产的搭载大排量发动机,具有强劲马力、外形富有肌肉感的美式后驱车。——译者注

者：他工作的一部分就是跟目标公司的人建立联系，而聚在一起喝几杯酒是实现这一目标的最佳方式。事实上，戒酒（有些人一直告诉他应该这样做）很可能会让他的工作能力下降。虽然他从没有因为饮酒耽误工作，但是他承认，有些日子，在招待客户到深夜后，第二天起床工作就会比较难以进入状态。

他很少喝醉；大多数时候，他是"放松"（用他的话说）。这看起来对他是件好事；他一直都是那种很难静坐的神经质的人，喝酒帮助他安定下来，同时也是一种很好的社交润滑剂。

在他看来，亚力克的最大问题就是他身边的人最近都一直在抱怨他喝酒，他需要让这些人相信，他会认真对待他们说的话，这样他们就会退回去。他妻子温迪是其中主要的一个。她没好脸色给他，因为他喝了酒之后经常晚回家，当他终于到家了，也没有心情花时间陪伴她和女儿。她抱怨她几乎见不到他，因为他要么晚上和客户开会，要么喝了几杯酒后就太累了，没有时间好好相处。她还认为他喝酒之后会变得更容易烦躁，开始大声吼叫；他反驳道，他生气只是因为在他回到家后，妻子不让他独处，即使她知道他有这个需求并且也值得，妻子也不成全他。

在亚力克看来，最近另一个负责他的人，是他的基础保健医生。他告诉亚力克该减少饮酒了，因为他的胆固醇和血压一直在升高，而且体重也增加了。医生说，虽然这些问题都不是眼下的威胁，但是继续这样下去，亚力克的健康会随着年龄的增长而受到更大的威胁。亚力克对医生很生气，无视这些警告，告诉自己他身体依然很好，还不需要开始像个老人一样行事。

就在几周前，工作中的一个朋友告诉他，最近经历了一次惊吓——"不是心脏病发作，只是一些心房颤动"，并补充说，医生也告诉他，如果不想将来有更严重问题的话，他需要戒酒。这个人比亚力克大几岁，是亚力克非常尊敬的一名优秀销售，和他在一起可以谈论生活以及生活中的烦恼。

这才使亚力克开始思考他也许应该少喝一点了，让身体缓一缓，也许还能掉几斤肉。他相当肯定自己可以毫不费力地做到这一点，所以他开始考虑这个问题了,尽管他不想让温迪得意地说"我早就告诉过你了",也不想让医生认为他曾经的警告是正确的,并非危言耸听。

芭芭拉:"我不能再这样下去,但我必须继续这样下去。"

芭芭拉今年 51 岁,和她的丈夫斯蒂夫结婚 30 年,他们一起住在大城市外的一个封闭式社区里。他们有三个孩子,最小的是个女儿,刚去读大学。芭芭拉和斯蒂夫在大学里认识;在她大三快结束的时候他们结婚了(斯蒂夫刚毕业,在一个发展不错的公司找到了一份初级职位)。她原本计划在毕业后去法学院学习的,但是因为怀孕而搁置了。当斯蒂夫的事业和收入开始腾飞时,她决定实施她的计划,去法学院完成学业。但是当她怀上第二个孩子的时候,学校的要求变得太高了,她就没有返回学校去读完第三年。

尽管芭芭拉对未能完成法学院学业感到失望,但她还是愉快地投入妻子和母亲的生活。她参与到孩子们的所有活动中去——开车送他们去课后补习班,担任家校委员会的干事,帮助指导她女儿所在的排球队,当她的大儿子对机器人感兴趣后,她又帮助指导大儿子的机器人俱乐部。她与孩子们朋友的妈妈们建立了良好的关系,也认识了社区里更多的女性,与她们关系也甚好。与此同时,由于她丈夫经常出差,而她也全然投入孩子们的生活中,他们夫妻的关系在过去20年里逐渐疏远了。

芭芭拉的困境:一直在考虑是否要结束这段婚姻。

斯蒂夫是一个好男人、一个好父亲;她很喜欢他,想象着他们一起变老。她其实不想离开他。一想到这件事,她就害怕不仅会失去经济保障,还会失去情感上的安全感,因为她知道斯蒂夫关心她,而且在危急时刻可以依靠他。她还想到,结束婚姻会对她的丈夫和孩子造成怎样的伤害,而她拆散自己的家庭有多自私;一想到这些,她就心痛不已,觉得自己是个坏人。

可是,当斯蒂夫出去工作或者出差,孩子们也出去了,家里空荡荡的,她明显觉得时间过得非常快,自己也老得很快。她觉得生活中缺少了一些东西,越来越觉得这可能是她最后一次机会,可以培养对事业或与男人的关系的热情。她感觉这是可能发生的,但是她也承认自己从未真正经历过。

事实上,她最近和另一个男人有过轻微的暧昧。这个男人是一个离异带孩子的单亲爸爸,她通过女儿的排球队认识了他。他称赞了她的着装,并邀请她一起喝咖啡。她拒绝了,但却一直在想着和他的邂逅,也在怀疑是否应该答应他的邀请,这些想法让她感到后怕。当她对自己诚实时,她意识到她害怕生活一成不变,害怕错过成长和兴奋的机会,并且在老了之后也不曾体验过它们是一种什么感觉。

芭芭拉发现她几乎无时无刻不在思考自己的处境。她告诉自己,必须在家庭和自己的需求之间做一个选择,但是她不能接受必须放弃其中任何一个。当她和她唯一信任且可以倾诉的妹妹苏谈起这件事情的时候,她感觉很愧疚,因为妹妹认为斯蒂夫是那么好的一个男人。但是,她的老公也是一个传统的男人,他看上去对他们的婚姻状态很满意,知道妻子就在家里照顾他们的生活。当芭芭拉看到非常恩爱的夫妻,或是读到关于有权有势的女人的故事时,她感到喉咙哽咽,想哭,绝望地觉得生活正在从她身边溜走。她每走一步都感到困惑,她一次又一次地想到,无论她做什么都是错的。

科林:"为什么我还是这副样子?"

科林今年32岁,过去五年一直与比他大12岁的保罗保持着稳定的关系。科林在创意领域有一份好工作;工作时间长、压力大,但他真的无法想象自己还能做什么其他工作。保罗在金融领域拥有高级职位,工作时间也很长。他们养了一条狗,但没有孩子,在一个发展不错的大城市里合租一套公寓,过着富足的生活。

科林的困境:不知道该如何改变自己表达愤怒的方式。

自从青春期以来,他的家人和朋友就知道他是个脾气暴躁的人。他知道他们是这样看待他的,有时候他怀疑自己的愤怒是不是太强烈了,以至于失控了,但科林常常觉得人们在夸大问题。

是的,他有时会发脾气,但是大多数时候,他都认为自己生气是有足够理由的:有些人对他不尊重,没有像他对待别人那样关心他,或者在某个重要方面辜负了他。

让科林思考要以不同的方式来处理愤怒情绪的主要动力来自他的伴侣。在保罗看来,和科林生活在一起就像坐过山车。高潮可以非常高,即科林大部分时间都比较亲切、周到、体贴、深情,但低谷是非常低落,即科林"爆发"时(用他的话来说)。保罗告诉科林,当科林生气的时候,他常常感到措手不及,好像愤怒是突然冒出来的一样。因此,他说他一直生活在一种持续的、低水平的担忧中,担心科林随时会对他发火。有时候,这种事情发生在公共场合,这些事件对保罗来说非常痛苦:既令人羞辱又令人伤心。但是,保罗说,科林发火的累加效应让他对自己感觉不好。更糟糕的是,保罗发现自己也开始把这些情绪发泄在别人身上,在工作上愤怒地责备下属,甚至看到他们的狗弄乱了屋子时也会大喊大叫。

当保罗描述被科林当成愤怒目标是一种什么感觉时,科林才感到抱歉和后悔。但是当他想到保罗的抱怨时,他又感到一定程度的怨恨。毕竟,他从未有过肢体暴力:除了偶尔重重地拍桌子和把玻璃杯扔到房间对面之外,他所做的就是大吼大叫。他问自己,这难道不是人们生气时都会做的事情吗?这难道不正常吗?他并不指望他的伴侣保罗有什么不一样的反应:保罗可以对他大吼大叫,而且确实如此,就像他对保罗大吼大叫一样。为什么保罗不能明白让他真正愤怒的是,保罗拒绝承认自己在受到不公平对待时有权生气。科林想,"如果保罗能认可我的感受,那么我们之间很多糟糕的争吵就可以避免,至少可以更快地解决"。

尽管有这种理由,科林还是开始相信他需要做点什么来改变他处理愤怒的方式。他知道他和保罗在一起时变得更加暴躁和急躁,所以美好的时光和温暖的感觉越来越少了。事实上,最近他意识到他们之间的情感距离越来越远。他们似乎联系得越来越少,他们的性生活也变得断断续续。在接受治疗后,保罗告诉他,他再也不想这样生活下去了——他爱科林,但是除非科林的暴怒能够停止,否则他不能再和他一起生活了。

因为保罗说这句话时比较悲伤,而不是向科林下最后通牒,所以科林也没有感觉到威胁,也不想反驳。他爱保罗,不想失去这份关系,他决定控制自己,用不同的方式来处理他的愤怒。他认为这应该不会太难,因为他知道什么时候他的愤怒在积累,也确信他有能力克制自己,而不是向愤怒屈服。但是,到目前为止,他在控制愤怒方面还不是很成功,这让他很困惑,并且开始产生一些怀疑。他在想,如果我们不做出这种改变会怎么样,他似乎也有些不确定自己要做点什么才能控制自己的愤怒。

达娜:"我的心说是,我的理智说不"

达娜26岁,单身未育,一个人住在中等城市的一所公寓里。达娜是家里第一个获得大学学位的人,毕业后在一家大公司担任行政助理一职。因为职业生涯早期,她就获得了学士学位,这笔薪水对于一个拥有学士学位的人来说很不错,她为自己能够独立感到满意。她的一些大学同学,后来继续读研究生,告诉她,他们是多么羡慕她漂亮的公寓和衣服,以及当他们一起出去喝酒时候,她可以买单请客。但她的家人也直言不讳地表达了对她的骄傲和感激,感谢她可以在经济上帮助她的弟弟和其他几个家庭成员。但是,工作四年的她,最近一直在对自己做出的选择感到迷茫。

达娜的困境:不知道该不该辞职转行。

她的工作稳定,公司有前途,薪水也足够(定期加薪),她熟悉工作职责,且驾轻就熟。但是,一段时间以来,她一直感到不安和不满。她的两个老板往往居高临下地对她说话,认为她的能力比实际的要低,而且她没有得到她所希望的晋升机会。她开始觉得每天日复一日很无聊,能够照顾好家庭所带来的好感也开始被缺乏尊重的内疚所抵消。她的朋友完成了研究生的学习并在她们各自的领域开始工作,不仅在经济上赶上了她,而且随着职业生涯开始腾飞,他们的谈话大多是关于他们对所做工作的兴奋之情。

达娜对教学产生了浓厚的兴趣,得知朋友们都在追求自己的梦想后,她开始越来越多地思考追求自己的梦想会是什么样子。她一直喜欢照看孩子,在父母的鼓励和几位特殊老师的关注下,她在充满挑战的环境中取得了学业成功,这让她想把这些礼物传递给别人。当她想到要回到学校攻读教育硕士学位时,她很兴奋。但与此同时,她又告诉自己,她永远做不到那样的事情。她有点担心学业要求——她离开校园有一阵子了;研究生院的学习会超出她的能力吗?但最主要的障碍是她的经济状况会先恶化,然后才会好转。

当达娜向家人提起这件事情的时候,他们告诉她,放弃工作回到学校读硕士学位是愚蠢的,因为那样她会挣得更少,毕业后也不一定能找到比现在更好的工作。他们认为,作为一名研究生,她无法养活自己;她可能会欠下贷款,无法偿还,甚至失去公寓,最终无家可归。

达娜认为他们的担忧被夸大了,但她知道自己没有安全保障,如果事情恶化了,她家里没有人能够救她。当她想到要辞职时,她也会感到内疚,因为她知道自己将不能继续在经济上帮助家人了,至少在一段时间内是这样。尽管如此,她发现自己还是在工作时会浏览求职网站,或者在线查看研究生院课程。当她想象自己真的找到这些项目的更多资讯时,她心中充满了焦虑,随着恐慌加剧,她认为这些想法只是白日梦。但她无法放弃,所以她还在网上找,想象如果辞掉工作去做这件事会是什么感觉。

艾莉:"省省吧,放弃减肥算了?"

艾莉今年43岁,和丈夫吉尔同住在一个小镇上,他们有四个孩子,分别是21岁、15岁、9岁和6岁。艾莉在一家社区心理保健机构担任辅导员,吉尔在一家制造业企业当物流领班。艾莉和吉尔是高中时的恋人。毕业以后,吉尔就他现在所在的公司从事低技术的工作,并逐步升职到现在这个负责人的位置。艾莉就读于一所社区大学,之后她干过很多其他工作,才找到目前的职位,并一干就是14年。她的主要工作是帮助精神病患者培养独立生活的技能。艾莉发现有时候工作让她很受挫,希望可以得到更高的收入,但是她有时候又感觉很高兴,因为她知道自己能够改变比自己更不幸的人的生活。

艾莉的困境:长期与体重作斗争。

她拼命地想要自己瘦下来,成年后大部分时间都在努力减肥。她想要减掉的体重大部分都是怀孕期间增加的。生完第一个孩子后,她努力减肥,终于恢复到了怀孕时的体重;虽然仍然比理想体重高一点,但她还是为自己感到骄傲。然而,在之后的每次怀孕中,她减掉的体重都比增加的少,她一直对自己不满意。更糟糕的是,自从她最小的孩子出生后,她的体重一直在缓慢而稳定地增长,现在她的体重比她的理想体重高出约 45 磅。

艾莉大部分时间都在为她的体重心烦意乱,并觉得难为情,尽管她学着在工作中和她的同事开体重的玩笑,并假装这不困扰她。事实上,她感觉自己几乎时时刻刻都在想体重的问题,甚至到了想尖叫的地步。她加入了"体重观察者"和"匿名暴食者"节目,买了减肥的书,尝试了各种各样的饮食,也做了各种方式的锻炼,包括从朋友、杂志、网络甚至电视广告中了解的锻炼方法,但总是被打回原形或者更差。每次当她开始节食或者开始一项锻炼时,她都充满热情,取得一些进步——有时进步不大,有时进步很大,但是面对突如其来的各种生活挑战时,她似乎无法坚持任何一项。放弃让她感觉很泄气、自我批判和绝望,这些感受又会让她想吃得更多。

艾莉的生活忙碌而紧张;她觉得很少有自己的时间,总是忙个不停。她爱她的丈夫,她的丈夫也爱她,但是他工作时间很长,回到家就已经精疲力竭了,所以他很少在身边帮忙做家务,甚至很少陪她一起过。她一个人负责照顾孩子,并为家人做饭。吉尔喜欢肉和土豆,她的孩子们喜欢不同的食物(她15岁的女儿最近宣布自己是个素食主义者),她发现每天晚上下班以后回到家都要花好几个小时在厨房准备饭菜,最后只能吃零食,直到深夜才坐下来吃自己的饭。

吃东西是艾莉保持精力充沛和获得一点乐趣的一种方式。她在家里吃安慰食物,在工作时吃零食,如果有人要议论(她那些好心的女性朋友就是这样做的),她会回应说,在某些日子里,坐下来吃饭的几分钟就是我仅有的一点休息时间。她的丈夫已经学会了不评论她的饮食或者她的体重,他知道她为此付出了多少努力,他也感到难过。为了安慰她,他说,不管她变成什么样子,他都爱她,但是当她听到丈夫说这样的话时,她感觉比以往任何时候都更加绝望,因为她知道他并不真正理解她的感受。近来,她觉得她应该学会接受自己的现状,这样至少可以不再总是觉得自己是个失败者。

五种矛盾心理,同为一种人类困境

矛盾心理有多种类型和特点,但都是不愉快的。你所见到的这五个人,每一个人都对自己生活中的某个问题感到矛盾,但每个人陷入困境的方式和原因各不相同。

- 亚力克觉得矛盾主要在于他和他生活中那些想让他改变的人之间;他隐约感觉到自己可能需要改变,但他更强烈地认为身边的人是错的、不讲道理的、不公平的并且也不懂他。当他考虑自己的饮酒问题时,亚力克更清楚饮酒是如何帮助他应对生活的,却很少意识到饮酒所带来的任何负面影响。

- 芭芭拉对婚姻不满意,她感到左右为难,不知道是应该把自己的愿望放第一位,乃至把这些愿望当成要紧的事情对待,还是应该照顾好自己所爱的人。或者说,这就是她所关注的冲突;她自己相互竞争的需求和欲望之间的矛盾对她来说并不那么明显(这些需求和欲望即安全感和舒适感对激情和满足感)。尽管如此,芭芭拉认为,选择其中任何一个都需要放弃一些她认为重要的东西,而且她并不知道自己是否能接受这不可避免的损失。所以她一直在思考应该选择哪一种。

- 和亚力克一样,科林伴侣的抱怨也促使他考虑做出改变。然而,科林担心自己的行为会给他所爱的人带来影响,并认为这是自己的责任,所以他很困惑,为什么到目前为止他都无法改变。他对于如何表达愤怒的复杂体验可能与他的无能有关,但他还没有想到这一点。

- 安娜和芭芭拉一样,对目前的生活状况感到不满。但是,与芭芭拉不同,达娜在两种迫切的选择之间感到左右为难,她内心清楚自己真正想做什么。然而,她害怕迈出这一步的后果,害怕为得到自己想要的东西而冒着失去所有的风险,这让她不敢采取行动;因为她不相信自己的判断("我真的做了一个正确的决定吗?"),这让她一直站在"悬崖"边上,犹豫不决,无法前进。

- 艾莉也知道自己需要做点改变,事实上,她一直在努力改变。然而,她不再相信自己能成功。她的信心已经动摇,她在犹豫和徘徊,一方面准备好了采取行动,一方面又觉得这样做毫无意义,浪费她有限的精力,而且对自己抱有希望却最终破灭是一种残忍,她又陷入了困境。因为艾莉没有把自己的生活状态和减肥的努力联系起来,她把失败归咎于自己,反过来,她越来越觉得自己无能为力,没法做出想要的改变。

你的矛盾心理,就如同这五个人的矛盾心理一样,可能有多种表现形式:(1)保持不变和做出改变似乎都可取;(2)保持不变和做出改变似乎都不可取;(3)每个选择都可能既有可取的方面,也有不可取的方面;(4)你可能知道自己想要改变,但是又不相信这是可能的,或者害怕陌生的事物,或者顾虑他人的反应。

虽然这五个人所经历的问题、情境和"困境"的来源各不相同,但也存在一些共同点,凸显了矛盾心理的各个方面,你需要意识到这些方面,才能找到自己的解决方法。

第一个共同点,在对我们最重要的人、问题和生活领域的决定中,我们最有可能陷入其中。这个决定越重要，我们就越仔细地审视每个可能选项的所有优缺点。结果，我们都非常清楚选择或者不选择每一个可能道路的所有原因，但却很容易陷入细节之中，迷失在我们所面临的选择的复杂性中。

所以，解决这种矛盾心理的关键之一就在于找到一种方法来解开我们努力克服问题时所产生的复杂而矛盾的思绪，这样我们才能恢复思考解决问题的能力（见表1-1）。

第二个共同点，正是因为做一个正确的决定对我们非常重要，所以与其选择一个"稍好一点"的选项，还不如留下来面对现在所遇到的小问题。在两种口味的冰激凌之间做出选择时，我们可能只喜欢其中一种，而不喜欢另一种——只是那一点点就足以打破平衡了。但是当我们要做如下选择时，我们就不会愿意选择"稍好一点"的那个，我们希望感觉自己选择的决定绝对是正确的，比如：留在一个可靠但无聊的工作中还是放弃稳定的收入，回到学校为所爱的职业做知识储备；在熟悉的一眼看到头的工作和充满挑战与未知的工作之间做出选择，而每种选择也会在不确定和不熟悉中伤害我们。然而，我们面前的道路可能看起来如此相似，更糟糕的是，可能看起来更像"选苹果还是选橘子"，而不是"选苹果还是选灯泡"（这是两种完全不同的东西），我们也不愿意为了其中一个而放弃另一个。

当然，人类的天性就是必须做出选择，尽管我们无法提前确定我们所做的选择是否会带给我们所希望的结果。然而，当风险如此之高时，我们非常不愿意满足于"也许"；我们希望感到确定，希望选择清晰。

因此，解决这种矛盾心理的关键之二就在于找到一种方法，让我们对自己所做的决定感到安心或平静。

第三个共同点，一个决定对我们越重要，我们在考虑它时就越情绪化。当涉及重要的人生决定时，我们不会只是冷静地评估情况，我们的感情也会参与其中。矛盾心理是一种复杂的认知-情感的状态。[1]理性上，我们做一件事的理由与不做另一件事的理由相冲突；情感上，我们也许会为生活可能变得更好而感到兴奋，害怕生活会变得更糟糕，担心我们看问题是否足够清晰或犯了错误，对未来充满希望，对可能伤害到我们关心的人感到内疚，或对于我们必须放弃的一切感到悲伤。

在我们为改变而苦苦挣扎时，情绪的体验不仅是不可避免的，而且很有价值。情绪可以指引我们，让我们知道自己想要什么、关心什么，以及他人对我们行为的意义。例如：愤怒会告诉我们，我们受到了不公平的对待；悲伤会告诉我们，我们失去了对我们很重要的东西；羞耻会告诉我们，我们被认为不够好。如果没有情绪，我们就会像《星际迷航：下一代》中的达塔（Data）或者《生活大爆炸》中的谢尔顿·库珀一样迷失方向。问题在于，情绪的强烈程度会干扰我们清晰思考自己想要什么、权衡各种选择并做出我们认为正确的决定的能力。即使理智上看来，一个选择似乎比另一个更好，但是我们所体验的情绪也会让我们很难获得那种感觉良好的确定感和安全感，而我们本能地期待这种感觉会告诉我们，自己做了一个正确的决定。

因此，解决这种矛盾心理的关键之三就在于找到一种方法，让我们的情绪影响我们的决策，而不会压倒和破坏它。

最后一个共同点，我们迷失于所面临的复杂选择中，苦苦挣扎，不知道我们的选择是否能带我们到达我们想要去的地方，我们被各种情绪所淹没，以至于无法判断，我们倾向于陷入与自己毫无意义的争论中。我们的脑海里就会出现两个（或更多）相互冲突的声音，一会儿争论这个，一会儿争论那个。

---

1 Leffingwell, T.R., Neumann, C.A., Babitzke, A.C., Leedy, M.J., & Walters, S.T. (2007). Social psychology and motivational interviewing: A review of relevant principles and recommendations. *Behavioural and Cognitive Psychotherapy*, 35, 31-35.

A："你真的必须做出决定。"

B："我知道，但我该怎么办？"

A："你不妨冒险做点什么。情况能有多糟糕呢？"

B："非常糟糕，一切都可能出错。我该如何处理所有的压力？"

A："那么，忘掉它吧。接受现状。"

B："但事情并不好。我希望它们变得更好。"

A："那就做点什么吧。"

B："但是做什么呢？"

就像一个卡通人物来回踱步，在地面上留下深深的印痕，人物所能看到的只有前方的路和后面的路一样，陷入矛盾心理的人很快就能感受到被困在毫无意义的重复思维步骤中，一遍又一遍地重复同样的争论，除了更加犹豫不决之外，什么也得不到。用熟悉的思维路径之外的方式来思考，几乎是不可能的，但是熟悉的思维路径看起来又是思考问题或情况的唯一方式，这很快就会让处于矛盾心理的人相信这是一个死局。这样的反复思考，反过来又导致了矛盾心理的可怕三角关系，这是最顽固的，也是导致陷入困境和留在困境的潜在因素：焦虑、回避和自责。

人们天生就无法忍受这反复无常、令人沮丧、认知和情感上难以承受的矛盾状态。当我们在为一个重要的人生决定而苦苦挣扎时，我们会变得越来越焦虑，这种不愉快的感觉告诉我们，我们有可能遇到一些不好的事情，而我们却不知道那是什么。毫无疑问，我们越焦虑，我们就越有动力去寻找某种方法来减轻这种感觉。如果我们可以解决这个冲突，我们的焦虑自然就会消失。但如果我们无论怎么努力都无法解决冲突，会发生什么呢？

当我们所有的努力都徒劳无功时，直觉会告诉我们，最明智的做法就是停止尝试，将注意力或精力投入可能对我们有益的其他事情上。在许多情况下，这些直觉非常有用；如果无法实现一个目标，我们就接受现实，寻找另外一个目标去追求。但是很不幸的是，当我们陷入矛盾状态时，正是因为我们既不能成功做出决定，也不能忍受犹豫不决，所以当我们回避陷入困境的冲突时，我们并没有前进，我们只是通过逃避焦虑来暂时缓解焦虑。不久的将来，不管是几个小时、几天、几周甚至几个月后，我们都会发现自己又回到了之前的境地，因为什么都没有解决。

A："现在你真的必须做出决定了"。

B："我知道，但我该怎么办？"

A："你不能一直这样。做点什么！冒险一试！"

B："但我做不到。如果事情出错了怎么办？"

A："那么，忘掉它吧。接受现状。"

B："但我不想。一定有办法让情况好转。"

A："那就做点什么吧！"

B："我知道！我也想做点什么。但做什么呢？"

花一点时间来关注一下你阅读这些陈述之后的感受。恼火？不耐烦？现在想想：当陷入矛盾时，人们会在几周、几个月或几年的时间里重复这些内心对话数十次甚至数百次。真是令人沮丧！由于没有新的信息可以添加到我们的决策过程中——毕竟，自从我们上次试图弄清楚情况以来，我们一直在避免思考这种情况——我们头脑中的"对话"几乎一字不差地重复，使我们产生一种徒劳感，加剧了这种痛苦的循环：焦虑引发心理冲突，而这种痛苦的循环又与逃避交替出现。

这种徒劳无功的感觉会引发自责。我们因为无法摆脱困境而感到愤怒和沮丧，于是开始自责，确信一定有一个解决方案，只是我们没有看到，或许其他人早就处理过这种情况了。我们告诉自己，我们软弱、懒惰或愚蠢，一定是我们出了什么问题，才会一蹶不振、一事无成。有时，我们这样做是出于"严厉的爱"：如果我们对自己足够严厉，最终会战胜困难，继续我们的生活。有时候，我们这样做毫无目的，只是因为我们觉得自己失败了，或者觉得自己应该感到难过。不管怎样，焦虑的回避和自责的结合——当然，它们是相伴而生的：对处境的思考感觉越糟糕，我们就越试图回避去想它，我们越回避去想它，我们就越陷入困境，然后，我们对自己以及所处境遇的感觉就越糟糕——会让我们陷入更深的、引发它们的状态。

因此,解决这种矛盾心理的第四个关键点就在于打破内在争论、焦虑、回避和自责的循环。

表1-1　解决矛盾心理的四个关键点

1	对我们来说最重要的决定是我们最有可能陷进去的决定。	解决的关键点1:找到一种方法来解开我们努力克服问题时所产生的复杂而矛盾的思绪,这样我们才能恢复思考解决问题的能力。
2	当一个决定很重要时,我们不太愿意接受一个稍微好一点的选择。	解决的关键点2:找到一种方法,让我们对自己所做的决定感到安心或平静。
3	一个决定跟我们越相关,我们在考虑时就越容易情绪化。	解决的关键点3:找到一种方法,让我们的情绪影响我们的决策,而不会压倒和破坏它。
4	陷入与自己毫无意义的循环争论会引发可怕的矛盾心理三角。	解决的关键点4:打破内在争论、焦虑、回避和自责的循环。

你的矛盾心理的故事

现在我们已经仔细研究了陷入矛盾心理是什么感觉。你也阅读了这五个矛盾心理者的故事,是时候描述你自己的问题了(你可以写在日记里)。

认真详细地写下你的情况很重要。这并不意味着你写下来这些事的时候你就应该弄清楚做什么或者往什么方向走!你现在的目标不是解决问题。如果你现在可以解决它,你早就做了,如果你尝试了,你很可能再一次踏上同样循环往复的道路,受挫——自责——受挫——自责……

还有一点,也很重要,不要期待自己在写作时保持一致。如果一切都说得通,你就不会陷入困境!矛盾心理的标志是人们自相矛盾;不要试图去审查自相矛盾的地方或者让所有描述都整齐而连贯地融合在一起。

相反,根据你迄今为止所读和所想的内容,专注于简单描述你正在努力解决的问题。在写作时,请参考以下问题,以帮助你尽可能充分地捕捉你在困境中的想法和感受。

1. 描述你的矛盾困境的历史。你处理这个问题多久了?你之前尝试过什么来做出决定、解决问题或者实现某种形式的改变?随着时间的推移,你对这个问题的想法、感受、愿望和恐惧发生了怎样的变化?

2. 矛盾心理的复杂感受和矛盾思想通常表现为双方(或更多方)的争论,或表达不同观点或愿望的"声音",即关于该做什么或什么是正确的选择。你一直在和自己争论什么?这些难缠的声音现在在说什么?你最近告诉自己你想要什么、不想要什么、希望什么、恐惧什么、应该做什么和不应该做什么?

3. 哪些人参与或受此问题影响?他们告诉过你他们希望你做什么或他们认为最好的决定是什么?你对这些人对你说的话或认为你应该做什么有什么感受?

重要性和信心:动机的关键维度

要摆脱困境,从矛盾心理到决心(知道自己想做什么并决心去做)再到行动(做自己承诺要做的事情),是一个循序渐进的过程。第一步要意识到人们通常认为的动力有两个维度:重要性和信心。

重要性

当人们开始将自己当前的行为、处境或者模式视为问题时,他们自然就会越来越有动力去改变。(请注意,这与别人认为你有问题不同。只有当你开始认同这种看法,或担心别人如何看待你的行为时,重要性才会增加。)

但仅仅察觉到它是个问题还不够。人们总是能够看到问题,却无法决定如何解决——这是描述矛盾心理的另一种方式。如果要将其重要性提升到足以解决矛盾的程度,你必须清晰地看到寻求一条道路的好处远远超过这样做的成本。事实是,当涉及重要的人生决定时,一个人所面临的任何一个选择都会有成本和好处,不管这个好处有多明显。当然,减肥和塑形会改善你的健康,带来更多的精力和热情,提升你的自尊,甚至可能让你更受欢迎,但是它也可能需要你放弃早上睡懒觉的时间出去锻炼,或者失去晚上和家人在一起的时间,放弃一些你喜欢的食物,或者忍受饥饿,而不是有饱腹感……只有当朝着一条路走的好处明显大于它的坏处时(也就是说一个选择的优势明显优于其他选择的优势),天平才会倾斜。

但是,我说的"显著超过"是什么意思呢?"明显优于"又是什么意思呢?要真正理解矛盾心理的"重要性"维度是如何解决的,我们必须跳出日常意义上的"成本和利益",认识到做出改变或者不做出改变对你的重要性,最终取决于你的价值观。

举个例子:假设我告诉你,有一种特殊的药丸,如果每天同一时间服用一次,你就能活到100岁,而且一生中一天都不会生病。你会服用吗?当然,药丸的好处远远超过了服用它带来的一点不便。现在想象一下,我告诉你,要想得到这种药丸,你必须答应永远不能再见任何一个你所爱的人。你会同意这笔交易吗?

健康长寿几乎是每个人都想要的,很多人也愿意为此做出牺牲。但是大多数人也会把生命中所爱的人看得比自己的健康更重要,这两个相互竞争的选择引发价值观冲突时,你几乎总是会选择那个对你最重要的选择,即使它本身也会带来成本。

信心

想象一下另一种情况：一个人决定做某件事会有很多好处，而成本却很少，而且这个选择不仅完全符合她的价值观，而且可以帮助她更充分地实现这些价值观。我们能肯定地预测她会做出这样的选择吗？

答案是否定的。她做什么不仅仅取决于目标有多重要，还取决于她是否相信自己能实现目标。如果她预感自己的努力终将一无所获或一次又一次地失败，那么她很可能根本不会去尝试。毕竟，她为什么要去尝试呢？如果她最终只会头痛欲裂，那么撞墙又有什么意义呢？解决矛盾心理不仅需要了解哪条路适合自己，还需要对这条路充满信心——相信自己能够成功实现自己希望实现的目标。相反，当一个人相信自己有问题，但又相信自己无能为力时，她实际上只有两个选择：否认或者绝望。也就是说，她可以告诉自己，她其实没有任何问题（或者问题没有那么严重），或者她可以接受这个问题已经很严重了，但是完全无法解决，并被绝望所吞噬。显然，这两种可能性都不是好的可能性，才凸显了信心在摆脱困境过程中的重要性。什么影响着一个人对成功有多大的信心？最重要的因素就是我们之前的成功和失败的经历：成功建立自信，失败削减自信，除非我们认为失败只是一次挫折，并且我们可以尝试不同的方法取得成功。然而，不只是我们对某一特定追求的历史经验塑造了我们是否能成功的信念，在某个对我们来说很重要的领域中感知到的成功也会让我们相信我们能在其他领域取得成功，就像在重要领域中感知到的失败会削弱我们的总体信心一样。从更广泛的角度来看，我们对自己的整体感觉——我们的总体自我评价或自尊——也会影响着我们是否觉得有能力应对我们面临的任何特定挑战。

给重要性和信心打分

如果说重要性和信心是解决矛盾心理、增强动机和行动承诺的两个关键因素,那么增强这两者应该是我们最终的关注点,而确定是动机的哪一个维度真正阻碍了你,就是下一步要做的。一方面,可能某个选择对你来说非常重要,但你执行它的信心很低;另一方面,你对自己能够成功的信心可能足够高,只要你确定哪个方向适合你,你就会继续前进。或者你可能既不确定自己应该做什么,又怀疑自己是否能做到,即使你确定了要做什么。

因此,接下来我要请你评估一下你正在考虑的改变的重要性以及你对此的信心(见表1-2)。不过,首先,我要与你分享一下你在本章前面遇到的那五个矛盾者是如何在这两个维度上给自己打分的,以及他们为什么给自己打这样的分数。

表1-2 对改变的重要性的认识和自信心

现在对于我来说,我正在考虑的改变对我有多重要?									
1	2	3	4	5	6	7	8	9	10
一点也不重要				中等					非常重要

现在我对于能够做出这个改变有多少信心?									
1	2	3	4	5	6	7	8	9	10
没一点信心				中等					很有信心

亚力克:重要性低,信心高

亚力克的问题是酗酒,自评重要性3分,信心9分。

"只要我想做,我就可以减少饮酒量,也许我会这么做。但我的工作进展顺利,如果我真的有酗酒问题的话,你认为我能这么说吗?我爱我的妻子,但是她全家都认为,任何喝了几杯酒的人都是酒鬼。然后是我的医生,嗯,我认为他试图告诉我应该怎么做是不合适的;他根本不了解我的生活,我从来没有感觉这么健康过。相信我,如果我的饮酒是一个问题的话,我会处理好的。我就是这么一个人,做我该做的事。听着,我知道每个人都是好意,也许在饮酒上稍微减少一点不会影响我的腰围,但每个人都需要退一步,留点空间,让我处理好自己的生活。”

芭芭拉:重要性中等,信心低

芭芭拉正在纠结是否离开丈夫,自评重要性5分,信心2分。

“我只是不知道该怎么做才是正确的,我感到很无助。我对生活的期望太多了,我能做到的也太多了。有时我觉得时间不多了,我不能再浪费一天时间等待了。我必须离开。但一旦我有了这个想法,我所能想到的就是我的丈夫会受到多大的伤害,孩子们会多么难过,而且说实话,这么多年过去了,我独自一人会是多么可怕。所以我就是感到被困住了,无能为力。不管我做什么决定,总有人要付出巨大的代价。”

科林:重要性高,信心中等偏上

科林在如何表达愤怒上遇到了麻烦,自评重要性8分,信心7分。

“尽管我认为很多让我生气的事情也会让其他人生气,但我知道我需要控制我的脾气。保罗很敏感,我的爆发对他有负面影响,也影响了我们的关系。我对此感到不安。我希望我们能像刚开始时一样快乐地在一起。我知道只要我下定决心,我就能控制住这一切。我想我还没有真正做到这一点,这肯定就是为什么我总是有那些糟糕的时刻。我想我必须认真起来,因为我不想失去他。”

达娜:重要性中等,信心中等偏下

达娜正在考虑是否要辞职回到学校学习并追求不同的职业,自评重要性6分,信心4分。

"我确信当老师会比当行政助理更开心,但情况比这更复杂。人们指望着我,所以我不能随心所欲。另外,我喜欢能够照顾好自己,如果再次成为学生,不得不寻求帮助而不是提供帮助,那感觉就像是倒退了。不过,我不得不承认,即使我能够通过努力获得承担更多责任的职位,一辈子都从事这种工作的想法也相当可怕。我很擅长与孩子相处,我知道当老师可以有所作为。只是我不知道如何才能从现在开始。"

艾莉:重要性很高,信心很低

艾莉想要减肥,自评重要性10分,信心0分。

"对于这场战斗,我真的累了。我想减肥已经一百万年了,但我就是做不到。我什么方法都试过了,但都不管用。我记得我瘦的时候感觉很好——不是太瘦,你知道,只是身材很好。即使我现在老了,只要我能减掉这些该死的体重,我知道我仍然可以看起来和感觉好很多。但是因为我的孩子、我的工作和我的丈夫,我一天中根本就没有足够的时间来照顾我自己,也许我应该接受我无法减肥的事实,不要再让自己发疯了。"

轮到你了:评估重要性和信心

现在是时候评估你自己对改变的重要性和信心水平了。请回头重读你写的关于矛盾心理的内容(就像我之前提到的,创建这样一个循环,写作、重读、反思和再次写作,是帮助你渡过难关并解决问题的最重要方法之一)。

接下来,选择一个数值代表重要性和信心,重要性数值必须能捕捉到你对做出你一直在考虑的改变的重要性的感受,信心数值是指你对如果你决定这样做就能成功做出改变的信心。在表1-2中圈出这个数值,完成后,请在你的日记中描述你为什么选择这些数字。

你的矛盾心理和他们的矛盾心理

在思考你对本章中活动的回应时,你可能已经注意到你的矛盾心理或重要性和自信心水平与亚力克、芭芭拉、科林、达娜或艾莉的相似之处。你可能还发现你和他们其中一位在想法、感受或处境上产生了强烈的共鸣。如果是这样,我希望你可以更仔细地看看这些反应。请问问自己以下的问题,然后写下答案(可以写在自己的日记上)。

1.你在哪些方面认同那个人?

2.到目前为止,你从他们的矛盾心理故事以及他们对于重要性与信心问题的回答中了解到什么?

3.你的情况有什么特别之处?

本章中提到的五个矛盾的人将伴随你读完整本书。每次我要求你回答问题或完成一项活动时,我都会邀请你在做出自己的回答前考虑一下他们的回答。

跟着这五位同伴的进度,了解他们与你一起完成书中的活动,可能会帮助你对自己的困境思考得更清楚,也会给你提供各种例证和观点以供考虑。不过,如果你觉得五个故事有点多,无法跟随,你可以选择主要关注那个跟你最有共鸣的故事或者那个矛盾心理最接近你自己的人,或者你也可以选择一个中间立场:当你还不确定如何回应某项活动时,阅读所有的回应,但当你知道自己该怎么立即回应时,你可以更有选择性。如果你阅读了一些回应,然后发现自己并没有取得预期的进展,你就需要回头更彻底地阅读他们所有的回应。最重要的是,你要找到一种方法来适应这几个陪伴者、他们的故事、挣扎和成功,以最好地支持你自己的努力,摆脱困境并继续前进。

解决你的矛盾状态:你从哪里着手

通过确定你对改变的重要性和信心,你开始明确是什么阻碍了你解决矛盾心理。当改变的重要性和信心都很高时,人们就会做出决定并采取行动。你之所以感到受困,并不是因为你软弱、懒惰或愚蠢;你之所以受困,是因为你还没有足够的重视和信心或两者兼而有之的水平,促使你向前推进。

我们的目标就是帮助你发展出对未来方向的决心,并坚信自己有能力实现目标。值得注意的是,你可以通过移除而不是添加某些东西来开始增加动机的这两个维度。接下来的两章我将会解释我的意思,并向你展示如何做到这一点。但这一切都始于这个简单的想法:你不必改变。

2

压力悖论

"你不必改变":这句话从字面上和不言而喻的角度来说都是正确的。人们会花数年(甚至数十年!)来思考他们应该做什么、可以做什么或想要做什么,或者向前迈一步,或者向后退一步,却永远无法达成最终的解决方案。挥之不去的不确定性和紧张感会削弱生活的乐趣,但这不致命(即使某些行为的长期影响可能是致命的)。因此,人们可以无限期地处于这种不确定状态,甚至"必要"的改变也可能不会发生。

但当有人说"你必须改变"时,这并不是在陈述事实;这是一种恳求、一种警告,更多的时候是一种要求。这正是我想要反驳的地方。

不管别人如何坚持你必须做什么,或者你试图强迫你自己做什么,没有人可以"迫使"你改变、做出最终决定或者解决你面临的问题。事实上,我甚至会说得更远:在你知道自己想去哪里并相信自己可以到达那里之前,最好不要做出决定或采取行动来改变。

在压力下改变往往会产生与预期相反的效果,它会让你陷入困境,而不是让你摆脱困境。这是一个压力悖论,本章旨在帮助你理解为什么会发生这种情况,以及它如何影响你努力解决自己所面临的困境。

压力下的矛盾心理

在这一摘要中,大多数人倾向于承认,改变他人是不可能的。你可能知道这个老笑话：

"换一个灯泡需要多少个治疗师？"

"只要一个，但灯泡自己必须愿意被换掉。"

然而，我们几乎所有人都坚信，我们可以让人们为自己的利益采取行动，因为很难接受这样一个事实：我们无法阻止最亲近的人做出伤害自己或他人的行为。因此，家人和朋友会唠叨、恳求或者要求，然而他们所爱的人还是继续做他们一直在做的事情，无论"必须"改变的是酗酒或吸毒、长期拖延、虐待关系还是其他什么。医生和咨询师、配偶和父母、雇主和法律系统都在发出可怕的警告或最后通牒，然而这些人还是继续保持同样的健康状态、去同样的学校、做同样的工作或社会行为，不管它们会带来多少痛苦。

当人们试图迫使某人改变却失败时，他们会感到沮丧和无助，这让他们得出结论，拒绝做显然健康或明智的事情的人是在拒绝接受现实。然而，就像我一直在说的，那些抵触改变压力的人往往非常清楚他们的处境，并深受其处境的负面影响。他们不是"拒绝接受现实"，而是陷入了矛盾心理，无论多大的压力都无法让有矛盾心理的人摆脱困境。

而这不仅仅发生在压力来自他人的时候。虽然我们通常承认，如果别人不愿意，我们无法强迫他们改变，但我们更倾向于相信，我们可以通过武力克服自己对改变的犹豫——通过精神上给自己施加压力。但当我们这样做时，我们对待自己的方式与那些想要我们改变的人对待我们的方式是一样的。这就像把自己分裂成两个人，一个在怀疑有些事情需要改变，但不确定是什么，结果会怎样，如何去做；另一个则紧张、痛苦、不耐烦、愤怒、轻蔑或者害怕，试图用唠叨、恳求、威胁、羞辱或者其他方式"强迫"自己"继续做下去"。正是出于这个原因，在我们准备好之前，内在压力并不比外在压力能更有效地让我们做出决定并向前迈进。

为什么压力会适得其反？

捍卫对自己的积极看法："不要评判我！"

我们每个人都有很强的动力去保持对自己的积极感受，不管是自尊、自重还是自我提升，这是因为人类普遍需要将自己视为善良、明智、有价值的人，我们投入了大量的心理和情感上的能量来确保自己可以做到这一点。

然而，迫于压力而改变，传达了另一种信息："你有问题。你现在这样不好。"这种负面评价威胁着我们的价值感。和其他威胁一样，我们的反应是试图为自己辩护，坚持认为我们没有错，我们的选择不是差劲的，也不是错误的，我们的行为完全可以被接受，没有什么可羞耻的。想一想最近有人批评你所做的事情，坚持认为你应该以不同的方式去做。你还记得你内心的反应吗？不一定是你大声说了什么，而是你的感受和你想说的话。它是否包括想要解释、辩解或以其他方式捍卫你所做的事情呢？

当批评、贬低和责备来自我们内心而不是来自他人时，它们会成为更强大的威胁。对于自己的负面评价更难逃避，也更难反驳。我们倾向于相信我们对自己的判断，如果我们最终确信我们的负面自我评判是对的，我们甚至可能会寻求他人的帮助来证实这些判断。我们需要相信自我评判是对的，这远远超过了我们需要积极看待自己。尽管我们可能会抵制相信对自己的负面评判的诱惑，但我们很容易陷入自尊心下降的恶性循环，更强烈地否定负面信息，即使我们令人厌恶地怀疑自己是不是真的很愚蠢、没有价值或很糟糕，这反过来又会引发对我们已经存在的更强烈的防御，从而阻碍我们真正感到准备好、愿意或能够进行积极的改变。

捍卫我们的自主权："别想控制我！"

我们所有人都非常渴望掌控自己的行为和决定。尽管对自主权的需求常常与对独处的渴望相混淆，但大多数人都希望建立亲密的关系，支持自主权。在关系中，父母、伴侣或朋友不会试图成为"老板"，但是鼓励并帮助我们做出自己的决定[1]。

当我们随心所欲地行动和思考的自由受到威胁时，自主性需求的另一面就会显现出来：我们会有保护或恢复这种自由的冲动。心理学家称这种反应为抵抗[2]，这是"可怕的两岁"（以及青少年叛逆）的源头——说"不！"可能是幼儿（有时是青少年）知道的表达自己意愿的唯一反应。但这也是我们拒绝接受任意限制或不正当权威的根源。

现在，我们大多数人当然都接纳对我们自由的限制。我们可能想以每小时160公里的速度驾驶，或者拒绝缴税，或者请假一周只是因为自己想这样做。然而，我们大多数人是不会这样做的，也不会花很多时间来思考或担忧为什么我们不能这样做。因为我们从来就不相信我们有权享有这些自由，所以我们通常不会有什么困难来接受这些限制的，也不会感到被控制。我们也不太可能把这些限制当成针对个人的；对于我们大多数人来说，抵抗往往不是由每个人都必须遵守的法律或规则引发的，而是由针对我们个人的限制或命令引发的。

当有人试图让我们停止做某件对我们来说很重要的事情，或者试图迫使我们做出我们还没有准备好的改变时，我们尤其容易产生抵抗心

---

1 Decision, E. L. & Ryan, R. M. (2000). *The "what" and "why" of goal pursuits: Human needs and the self-determination of behavior.* Psychological Inquiry, 11，227-268.

2 Brehm, S. S., & Brehm, J. (1981), *Psychological reactance: A theory of freedom and control.* New York：Academic Press.

理。当我们一直行使自主权去做我们习惯做的事情,或者只是在不确定该做什么之前犹豫不决时,我们对强迫我们改变的人和事的抵抗可能会非常强烈。

逆反是如何影响我们的感受和行为的呢?我们经历的逆反心理越多,受到威胁的行为或思维方式就越有吸引力,我们对威胁源的敌意就越强烈。

外部威胁对我们自由的影响(通常来自权威人物)往往很容易识别。我相信你能想起有人告诉你,你不能拥有你认为有权拥有的东西——从烟到家庭舒适区之外的一段关系。你是否更加想要得到它?变得更加坚定地想要得到它?你是否对限制你的人感到怨恨或愤怒?

内部威胁对我们自主权的影响可能不那么明显。但有一点,当我们阻止自己做与我们真正目标相冲突的事情时,我们通常不会产生抵抗心理。当我们完全致力于戒烟时,抵制烟,或者当我们致力于一夫一妻制时,抵制调情,都代表"自我控制"——它让我们感到更加自主,通常自我感觉也更好。但当我们对自己想要实现的目标仍然犹豫不决时,我们最终会陷入一场控制和被控制的斗争。那时,当你盯着你想抽的烟或你想约会的人时,抵抗心理就会抬头——你越是不让自己做什么,你就越想做,感觉就越糟糕。

评判和控制的反作用

认识到我们每个人都有积极看待自己的需求,我们可以学到:负面的判断(批评)会将我们的注意力从弄清楚我们想要什么或如何得到它转移开,要么保护自己免受"我们有问题"的信息的影响,要么免受自己不够好而自责的心理的影响。认识到我们每个人都需要自主权,我们可以学到:控制我们的努力(要求)会强化我们摆脱控制的愿望,并将我们的精力从致力于解决矛盾心理转移到抵抗那些想要剥夺我们自主选择的权利和能力的人。

所以,下一个要思考的问题是:这对你意味着什么?

是外在压力让你陷入困境？

之前我告诉过你一个练习,在这个练习中,专业帮助者被要求思考他们生活中一直在考虑改变的某个方面,然后说出他们考虑了多久。好吧,这不是整个练习。在他们说出他们一直在与矛盾做斗争的时间长度之后,他们被要求考虑这种情况,我希望你也考虑一下:

> "想象一下,你现在必须立即决定你要做什么。没有犹豫的时间,不要再三考虑,是时候做出一个明确的永久决定,坚定不移地坚持到底,不惜任何代价实现它:没有借口,没有怀疑——全速前进。"

当你读到这儿,你的反应是什么? 你的感受是什么? 在想什么? 想说什么? 写下你头脑中出现的任何想法(可以写在日记上),不用担心它会听起来像什么;让自己完全专注于感受到压力的那一刻,然后尽可能完整地描述它。请做完这些再看下面的内容。

关注来自他人的压力是如何影响你的

大多数做这个练习的人都会感到某种形式的焦虑——从紧张、压力、担忧到恐慌。正如第一章中所讨论的,焦虑是矛盾心理的标志,我们花大量的时间和精力,试图不去想矛盾心理的根源,以避免这些不愉快的焦虑情绪。所以,要求你思考你的矛盾心理,然后给你施加压力,通常会产生并加剧潜伏在背后的焦虑。

不过,焦虑绝不是你唯一能感受到的情绪。事实上,当人们陷入各种复杂而重要的问题时,他们总是会对解决这些问题的外部压力做出各种反应。

如果你专注于压力本身或者压力源,你可能会感到愤怒或被挑衅,

并反抗我的权威,在你还没准备好之前强迫你做出决定:

- "你凭什么告诉我该做什么?"
- "你想说什么都可以,但这并不意味着我会听。"

或者你可能觉得自己受到了攻击,并通过辩护或解释为什么你现在不能马上做那个决定,或为什么你不需要改变来回应:

- "现在对我来说不是个好时机。"
- "我会继续,但那会带来很多麻烦。"
- "事情这样就好了,我真的不需要处理这个。"

或者你可能做过"摇头娃娃",就像我之前写过的:

- "是的,好的,当然,我会继续做的。"(同时知道你什么也不会做。)

另一方面,如果你不关注压力而是关注矛盾心理本身,你可能会感到无助或者不知所措,并预计会失败:

- "我该怎么办? 这对我来说太难了。"
- "这有什么意义? 即使我尝试去做,我最终也只会陷入同样的困境。"

如果是这样,你可能也会开始责怪自己无法前进:

- "为什么我不能做出决定并停止抱怨?"
- "来吧,笨蛋! 振作起来。"

这也可能很快就会产生内疚感("我做错了什么")或者羞耻感("我

有问题"）：

- "我处于这种情况是我自己的问题。"
- "我真是个浑蛋。什么样的人会让事情变得如此失控？"

或者，你也可能感到难过，在放弃一些对你来说很重要的东西后，表达悲痛，然后你可以选择一个看上去正确或者可取的方向：

- "如果我这样做，对我爱的人来说会很难。"
- "如果没有了我依赖已久的东西，我将怎么活啊？"

最终，除了这些感觉之外，你也许还会感到如释重负，甚至兴奋，因为你终于可以做点儿什么了。当然，这种感觉也是有道理的；如果你真的可以摆脱困境，继续生活，你就会摆脱挥之不去的矛盾心理所造成的痛苦。这就是为什么很多人蜂拥而至听励志演讲：在演讲者颇具说服力的控制下，他们相信，在那一刻，他们终于可以采取行动了，而且他们经常会受到鼓舞。然后接下来发生的事情就几乎总是如你所料：怀疑开始蔓延，随着决策及其意义逐渐清晰，沮丧情绪再次出现。

当一个人遇到非常有效的销售人员时，也会发生类似的结果。很多人走进化妆品店、电子产品商店、汽车经销店，本来只是看一看，结果却发现自己买了一包昂贵的化妆品、一台3D电视，甚至一辆新车。这是怎么发生的呢？通常是因为他们遇到的销售人员魅力十足、谈吐流利，并能回答所有异议，说服他们做出他们尚未准备好的决定。

事后，有些买家还会自我安慰。他们确实想要化妆品、电视或者汽车，要么不敢买，要么心里明白自己买不起。销售推动他们克服了犹豫，这个推动就是他们想要的，但他们自己却无法做到。在购买的旋风中，他们可以依靠销售人员的热情来让他们确信自己做了正确的决定，如果他们后悔了，销售人员可以承担责任，让他们免于承认自己做了错误的选择，这让他们很不愉快。

另一方面,很多冲动的购物者在离开商店的那一刻就开始重新考虑:"我当时在想什么?""我怎么支付这笔费用?""我真的需要一辆新车吗?"深受购物的懊悔之苦,他们很快就开始寻找方法来挽回已经做出的举动。

那些即将做出重大决定但又不敢冒险的人,在坚定的推动下,很可能会被"说服"冒险一试。但即使在这群人中,他们并没有因为压力而退缩(大多数矛盾的人都会这样),以至于他们立即变得更加抗拒,不少人也后悔自己的仓促,对自己承诺的新现实毫无准备,违背了约定,重新陷入或多或少痛苦的犹豫不决中,并怨恨那个在他们还没有准备好之前就"逼"他们做决定的人。

现在,请回顾一下你对练习的回答。你有过以下哪些反应?

反抗和防御、虚假的顺从、对失败的预期、自我虐待、怀疑和沮丧、失落感、暂时的解脱之后是后悔(进一步,退两步)——所有这些反应都有一个共同点,那就是它们让我们没法充分准备好,更不愿意、不能选择和行动或以一种可持续的方式解决矛盾心理。被要求改变并不能让我们前进,相反,却引发了阻力,让我们比之前陷得更深。

描述你所感受到的来自他人的压力

现在你已经看到了改变或者做出决定的假想压力所产生的影响,那让我们看看生活中来自他人的压力是如何影响你努力解决让你一直困扰的问题的。正如我所说,很可能有一些想要帮助你的人以某种方式告诉你该做什么或怎么做。这有多大帮助? 有什么影响? 我希望你可以想一想下面的问题:

1. "在我一直努力解决的问题上,是谁给了我改变的压力? 这种压力是以何种形式出现的? 这些人说了什么或者做了什么让我感觉到被评判或被控制?"

2. "这些人说了什么或做了什么——无论他们出于多么好的意

图——对我努力改变我的处境有什么影响。"

以下是你的"矛盾心理"陪伴者对以上问题的回答。

我困境中来自他人的压力

亚力克

1.谁对我施加压力,他们做了什么?

> 大部分压力都来自我的妻子。当我下班和客户喝了几杯酒后,她就会变得喜怒无常、冷漠,我会听到她问:"你为什么去酒吧而不回家?"周末又问:"你今天就不能待在家里吗?"她总是试图让我感到内疚。她不认为做好我的工作取决于与客户保持紧密的联系,如果他们想让我在周六和他们共进午餐,而我拒绝的话,他们可能就会找别人买东西了。
>
> 另一个是我的医生。他大肆宣扬喝酒会使我面临心脏病发作、中风或者其他严重问题的风险,但他真的夸大了我的饮酒量。

2.压力是如何影响到我的?

> 温迪越是来烦我,我就越会把她赶走。我不得不承认,她的唠叨和内疚让我不想少喝酒,因为不想让她以为我同意她的观点。至于我的医生,他的那番话让我很生气,但我不经常见到他,所以我可以无视他。

芭芭拉

1.谁对我施加压力,他们做了什么?

> 唯一知道我想离开我丈夫的人是我的妹妹苏,她也不是那种会告诉你该怎么做的人。她总是同情我陷入困境的感受。她也确实告诉我她认为我的丈夫很棒——他确实很棒。我认为把这描述为压力是不公平的。

2.压力是如何影响到我的？

> 当苏提醒我斯蒂夫对我有多好时，我为想要离开他而感到内疚。和她谈过之后，我总告诉自己，我必须接受没有一个婚姻是完美的这一事实，我下定决心放弃重新开始的幻想，感觉更安定了。但到了第二天，被困住的感觉又开始涌现。

科林

1.谁对我施加压力，他们做了什么？

> 保罗有权抱怨我的愤怒，不是吗？他是一个很敏感的男人。当我对他生气时，他会很沮丧。事后，即使我道歉了，他还是会继续拿出来说。但我不会因此而生他的气，也不会因为他告诉我他再忍受不了我了而生他的气，因为我不认为他想控制我。他只是筋疲力尽了。我想他确实在评判我，但我不能因为他批评我做了一些让他感觉不好的事情而责怪他，不是吗？

2.压力是如何影响到我的？

> 说实话，如果不是因为保罗，我想我不会努力控制我的愤怒，我是为了他才这么做的。

达娜

1.谁对我施加压力，他们做了什么？

> 我的家人完全反对我去学习当一名老师。他们告诉我经济状况很差，即使我到了做老师的工作，也赚不了多少钱。我真想跟他们理论一番，但他们说的也是事实。他们讲了各种我应该留在原单位的好理由，说我一直很成熟，他们无法理解为什么我突然变得不理智了。

2.压力是如何影响到我的？

> 我的家人对我来说真的很重要，我知道他们希望我过得好，所以我不能对他们的话置之不理。我试着告诉自己应该现实一点，但我一直在想当老师会有多棒，然后我又必须去上班，处理那里各种无聊的事情，这让我更想当老师。我知道我不应该这么想。

艾莉

1.谁对我施加压力，他们做了什么？

> 没有人给我施压让我减肥。我只是厌倦了肥胖。那些一起工作的女孩子有时会取笑我正在节食，我也都是一笑了之。吉尔有时候为了让我感觉好一点，就说不管我变成什么样子，他都爱我，但这根本没用。

2.压力是如何影响到我的？

> 吉尔是好心。但当他说这些话时，我很生气。我感觉他好像在告诉我，你放弃吧。所以我就告诉自己，我会做给他看！这让我觉得我必须减肥，否则我就是个失败者。我想这就是我给自己施加的压力。

••

好，现在轮到你了。想想那些试图影响你做出决定的人，然后在你的日记本上回答上述问题。请记住，虽然某些压力明显是负面的，比如威胁你如果不做出改变就会受到某种惩罚，但通常那些关心我们的人会出于好意向我们施加压力，他们甚至可能没有意识到他们正在以某种方式让我们感受到压力。

反思来自他人压力的影响

把感受到的来自他人的压力写下来是找出减轻压力的办法的一个好的开始。你刚刚写下的关于来自外界的压力,现在有什么让你印象深刻的地方,尤其是你之前读到的关于压力使我们陷入困境的原因? 在日记中写下你的回应之前,请参考一下你这几个陪伴者的反应。

- 亚力克:"只要我的妻子和医生还让我感觉到他们在控制我,我就不会承认这是个问题,即使我认为这是一个问题。"
- 芭芭拉:"有意思的是,只要我跟我妹妹聊天,她总是会想到办法提醒我斯蒂夫有哪些好。她似乎在巧妙地试图劝我和丈夫在一起。我不认为她会因为我的感受而评判我,但也许她并不是一个客观的倾听者。"
- 科林:"我不认为我会因为保罗告诉我需要控制我的愤怒而怨恨他,因为我知道我的愤怒对他来说很难处理。但是如果他不那么敏感,我的愤怒也不会成为一个问题。有时候我多么希望他也能像我一样表达愤怒,甚至能接受这对我来说是正常的。"
- 达娜:"我的家人希望我过得好,所以我不能生他们的气。但我觉得当他们的声音在我的头脑里回荡时,我很难弄清楚该怎么做。我希望他们可以多信任我一点。"
- 艾莉:"可怜的吉尔,我觉得他不知道该怎么跟我说我的体重问题。他想帮我,他真的赢不了。不过,也许我对工作中的女同事太宽容了。当她们对我节食发表评论时,其实我是有点儿尴尬的,这只会使减肥这件事变得更难。"

是内在压力让你陷入困境？

关注来自自己的压力是如何影响你的

让我们仔细看看为什么我们对外部压力的反应是反抗、愤怒或者自我辩解，而对内部压力的反应却是失败、内疚、羞愧和绝望。当我们面临重要决定时，常常无法避免地会浮现焦虑，不愿意或无法做决定，我们会寻找某种方法来减轻这种焦虑，以免因此而痛苦不堪。向他人表达愤怒和为自己辩解会让我们觉得自己是强大的，而不是脆弱的，并分散我们对仍然陷入困境的事实的注意力。但是，当周围没有其他人可以生气时，我们又陷进去了。我们知道，如果我们只能在一个方向或者在另一个方向上解决矛盾心理，焦虑就会减轻，我们就会反对自己，成为我们自己最无情的批评者（"你怎么了？别这么优柔寡断！"），也成为自己改变、做决定或采取行动的压力源（"拜托！这不可能那么难！你就不能做个决定或者做点儿什么吗？"）。

当然，我们随后会进行反击。我们越说服自己去做我们不想做的事情，或者不去做我们想做的事情，我们就越抗拒被控制（并且不喜欢自己是压力的来源）。这是一场无法获胜的拔河比赛——一股不可抗拒的力量遇到了一个不可移动的物体。我们也试图保护自己免受负面自我判断的影响，坚持认为我们并没有那么差劲，告诉自己我们有充分的理由不前进，或者尽量减少前进的重要性。有时，这样做可以让我们暂时摆脱自己的困扰。但是，我们自我防御的主要效果往往是，当我们加倍努力强迫自己摆脱困境时，会引发对自己更激烈的攻击。

这会造成多大的损失啊！现在看来，我们之所以会陷入这种境地，是因为我们选择错了，而责怪自己（"为什么我总是让自己置于如此糟糕的境地呢？"），责备自己陷入如此糟糕的境地（"我恨我自己！"），骂自己

（"白痴！成事不足败事有余！懒汉！失败者！"），或者用讽刺的话批评自己（"干得好，天才！"）。所有这些自责都是为了让我们摆脱自满情绪，或者给自己一记当头棒喝，让我们从无所作为变成行动，或者从犹豫不决变成做出决定，从而使情况变得更好。但实际效果却是让我们对自己的感觉更糟。我们可能拥有各种积极的能量来尝试以有效的方式解决我们的矛盾心理——利用我们的自我认知弄清楚我们真正想要什么，或者利用我们解决问题的能力弄清楚我们如何才能得到它——但是这些能量都被放弃的想法或徒劳的感觉所取代。很快，我们就会因为没有做我们应该做的事情而感到内疚（即使我们还不知道那是什么），无助于让事情变得更好，厌恶如此陷入困境和无助，为自己的不足感到羞愧，也许还会因为被赋予这些感觉而感到愤恨（即使这是我们自己造成的）。

现在，自我说服并不总是会产生这些内在反应。毫无疑问，你可以想到自我说服很有用的时候：站在游泳池边上告诉自己"我知道我能跳进水里！"或者在聚会上，当你接近一个有吸引力的人时，保持安静，"做你自己，放松，微笑，最糟糕的情况会是什么呢？"或者坐在你的办公桌前想，"来吧，集中注意力，完成这份报告，然后就可以出去玩了"等等。

当我们为实现个人目标而努力时，积极的自我对话可以成为一个强有力的辅助工具。这种对话的本质在于用温暖、支持性的语言与自己交流，而非通过强制命令或失败后的苛责来鞭策自己。研究表明，这种自我鼓励与自我施压会产生截然不同的心理效应：前者能增强自主掌控感和自我接纳度，后者则容易引发被控制感和自我否定情绪。

你可能认为，在老电影中，一个人跌入流沙的场景中，他越挣扎着逃生，就越快陷入困境。试图迫使自己做出决定或者改变处境，跟这个电影里的情况很相像。这场战斗发生在我们自己的脑海中，它造成了伤亡，但没有进展，这既是因为我们给自己造成的伤害，也是因为当我们不可避免地试图通过再次避开整个情况来降低伤害时，后来只会发现自己已经陷入困境，没有出路，也没有多少精力去尝试。

描述你在生活中其他方面给自己施加的压力

现在我想邀请你来看看你是如何给自己施压的。因为弄明白这个对你的影响很重要,我希望你首先要想想在生活的其他方面,你是如何让自己感受到被评判或者被控制的。

1. "我什么时候给自己施加压力? 当我不想做出改变或做某事但又觉得不得不做,或者不得不做出决定但我不知道什么是正确的选择,或者知道我应该做什么却无法让自己去做时,我对自己说了什么或想到了什么? 我是如何努力让自己做到的?(我是不是告诉自己我别无选择,威胁自己,想象如果我不这样做的话会发生什么或者别人会怎么看我?)在那些时候我通常是如何对待自己的?(是否会责怪、批评或贬低自己、骂自己或痛打自己?)"

2. "当我以这种方式给自己施压的时候,会产生什么样的影响? 我对自己有什么感觉? 我如何看待自己? 我想做什么? 我实际上做了什么?"

你的"矛盾心理"陪伴者是如何回答这两组问题的,请看下文。

・・・

在其他方面给自己施加的压力

亚力克

1.我什么时候给自己施加压力? 我是怎么施加压力的?

> 我就是喜欢压力。在我的行业里,这就是成功之道。温迪似乎无法理解这一点。即使你不喜欢,你还是要持续鞭策自己,尤其是当自己不喜欢的时候。

这就是工作中这种情况很奇怪的原因。他们正在物色一个人来管理比我现在管理的地区还要大的区域，而我却没有为此努力，尽管我应该这么做。这份工作可能会赚更多的钱。我不断告诉自己继续做下去，不要再犹豫了。那么我的问题是什么呢？我甚至没有问过区域经理任何问题。我知道我可以处理。我不知道我为什么犹豫不决。

2.给自己施加压力如何影响我的行为以及我对自己的感觉？

通常当我这样对自己说话时，我会感到很兴奋。但这次这些都没有起作用。这完全不像我。实际上，我曾几次告诉自己我会这样做，但后来我没有这样做。我甚至不愿承认这一点。这让我产生了自我怀疑，这才是真正的问题所在。在我的工作中，如果你不自信，你就什么都不是。所以是的，我想这让我对自己很生气，不，这仍然不能让我振作起来去做这件事。

芭芭拉

1.我什么时候给自己施加压力？我是怎么施加压力的？

我能想到的是我当时正在考虑是否要完成法学院的学业。我等了很久才开始。头两年我非常努力，也做得很好。但当我再次怀孕时，我可以看出斯蒂夫对此越来越有压力。他什么也没说，但我知道他想让我做什么，所以尽管我认为我可以找到办法度过最后一年，但我觉得我必须为整个家庭做正确的事情，而不仅仅为了我自己。我告诉自己，不可以这么自私，我可以等到时机成熟时再完成。

2.给自己施加压力如何影响我的行为以及我对自己的感觉？

我的父母教育我，如果你要做什么，就必须把它做好。我接受了这个事实：为了更重要的事情，我必须放弃一些东西，而沉溺于其中是不会有任何收获的。我喜欢做妈妈，我的孩子还小的时候，我什么都不想换。我一直被教育，我要做出自己的决定，并坚持下去；不要让自己沉溺于后悔或假设之中。我从来没有真正想过这样做是否有坏处。

科林

1.我什么时候给自己施加压力？我是怎么施加压力的？

> 15岁那年，我和一个男孩交往。我爱他，但我们住的地方不适合出柜。后来我们分手了，但我们仍然保持联系；我们是当时所知的唯一一对同性恋孩子。好吧，他决定出柜，他也希望我出柜。我肯定还没有准备好，因为学校里的孩子和我的家人——我知道他们会离开的。他不在乎；他一直说我们没有什么可羞耻的，如果其他人不喜欢，那就让他们见鬼去吧。我真的不为任何事情感到羞耻。但他一直叫我胆小鬼，我开始想也许他是对的，也许我只是在找借口。所以我就这么做了；我向我的家人坦白了。果然不出我所料，我的家人惊慌失措。那之后，一切都不同了，我那时以为的是对的，最好再等一等。
>
> 我知道这听起来像是"外部压力"。但事实上，是我自己让我出柜的，而不是他。尽管我不想这么做，但我还是强迫自己这么做了。最糟糕的是，我不仅伤害了我的家人，搞砸了我的高中生活，而且我恨自己屈服了。我当时很懦弱，不敢公开露面，而不是坚持做我认为正确的事情。

2.给自己施加压力如何影响我的行为以及我对自己的感觉？

> 我最终开始恨我自己。出柜后，我更加自责，因为我软弱，伤害了那么多人。但这也让我很困惑，因为我也真的很生父母的气，也因为尽管我知道他们无法承受，但我不敢相信他们竟然会那样对待我。所以我恨他们，也恨我自己，就好像我身处这场风暴的中心。
>
> 整个事件对我影响很大。在那之后很长一段时间里，我都不相信任何人，因为我觉得所有应该关心我的人都背叛了我。我决定只相信我自己，不管怎样我都不会听别人的话。有一段时间，我确实这么做了。这在某种程度上似乎是件好事，因为我知道我想要追随自己的心是对的。但这也意味着我在很长一段时间里都没有让任何人进入我的内心。当我感觉自己做了蠢事或不敢做自己想做的事情时，它并没有阻止我自责。

达娜

1.我什么时候给自己施加压力？我是怎么施加压力的？

当我在大学里选择专业时，我的导师建议我尝试一些不同的课程。但是我觉得我不能浪费任何时间。我在那里是为了获得一个能让我找到好工作的学位。所以，即使我更喜欢英语和心理学专业，我还是很快就宣布主修商科。我会在做会计作业的时候写一首诗。当我开始在托儿所实习的时候，我会花几个小时思考可以和孩子们一起做怎样的手工艺品。我会经常教训自己，比如"不会为了赚最低工资而花光所有的钱。你必须专注于重要的事情。"我提醒自己，一旦我真正开始工作了，我会拥有什么。我通常不会责备自己，但我在朋友面前称自己为"不靠谱"。

2.给自己施加压力如何影响我的行为以及我对自己的感觉？

好吧，我做的事情很有效。大学毕业后，我找到了一份好工作，而当时很多人选择回家和父母住在一起。但我也会对自己很失望，因为我做白日梦，然后花了太长时间才把事情做完。有时候我觉得自己是个骗子，因为我必须非常努力才能集中精力，就好像我在与某种阻碍我前进的东西做斗争一样(这也是我没有真正考虑读研的部分原因)。有时候我仍然有这种感觉，因为我的朋友和家人都认为我过得很好，我很成熟，但当我觉得自己的职业生涯没有任何进展时，我对此越来越不满意。

艾莉

1.我什么时候给自己施加压力？我是怎么施加压力的？

我们刚结婚时,我认为把吉尔的家人和我的家人聚在一起过感恩节会很不错。不知怎么的,这变成了我每年都要招待两个家庭。现在家庭规模扩大了一倍,我年纪大了,要工作,要照顾几个孩子。当我怀着那个九岁的孩子时,我已经受够了。但我会告诉自己,传统对家庭来说非常重要,我妹妹不擅长做饭,我妈妈也老了,所以我怎么能不这样做呢?而且每年这都是一个美好的时刻,即使我因为在厨房里忙得不可开交而没有太多时间和大家在一起。所以当我感到怨恨时,我只是告诉自己,这是维系家庭的纽带,不要自私。我也想过要寻求一些帮助,但后来我认为这也不是什么大事,没有人做事的方式和我完全一样,所以我会再坚持一年。

2.给自己施加压力如何影响我的行为以及我对自己的感觉?

说实话,我不再从感恩节与家人团聚中获得多少快乐。我曾经为自己感到骄傲,但现在,每天下班之后还要烘烤和打扫卫生,一周下来,我几乎无法把所有东西都摆上餐桌。老实说,我甚至也不那么关心大家是否喜欢感恩节,但这让我觉得自己是个糟糕的人。有几次,我无意中说出了一些关于我做了多少事情的小评论,但随后我感到更加内疚。现在,当秋天来临时,我开始害怕节日的到来,而几年前我从来没有过这种感觉。

现在轮到你了,想想你是如何让自己在生活中感到被评判或被控制的,并在日记中回答上述问题。

反思你在生活中其他方面给自己施加压力的影响

现在你觉得你刚刚写的关于来自内心的压力的内容怎么样,尤其是考虑到你之前读到的内容? 在日记中写下你自己的回应之前,请考虑一下陪伴者的回应。

- **亚力克**："我不同意你所说的给自己施加压力会阻碍我前进。我还是不能确定这是否会让我更加陷入困境。但我不得不承认,这次它不起作用了,而且我很困惑,不知道为什么。"
- **芭芭拉**："我很难承认放弃当律师让我多么失望,因为这样想仍然让我感觉很自私。我不能想象如果我没有陪伴我的孩子度过童年,我会怎样,但我认为我不想继续以那种'务实'的方式做出选择,这总是意味着要做出牺牲。"
- **科林**："强迫自己做某件事似乎是一个好主意,因为它能让你停止胡思乱想,但之后你可能会后悔自己的决定,并意识到自己没有想清楚,即使你认为自己已经想清楚了。我很惊讶现在这种感觉如此强烈。我想我仍然在为发生的事情感到痛苦。"
- **达娜**："我一直认为我的问题在于无法克服自己的不稳定情绪,我仍然很难理解自我教育怎么会让情况变得更糟,但我不得不承认,这并没有让我对自己感觉更好。"
- **艾莉**："我怀念过去对假期的那种感觉,而我不愿意去想这一切已经发生了多大变化,我强迫自己去参与,但内心并不愿意,我不知道如果不这样做会怎样,应该会让我感觉更糟糕。再者,说我需要帮助,然后又告诉自己我不需要,这似乎很愚蠢。"

描述你因困境而给自己施加的压力

现在你已经考虑过自己从内心给自己施加压力的方式,让我们关注一下这对你解决困境有何影响。请问问自己以下问题,看看你是如何让自己感到被评判或控制的。

1. "我是如何给自己施压，让自己改变，做出决定或对我陷入的困境采取行动的？当我开始思考这些问题的时候，我对自己说了什么？(我是否告诉自己别无选择，威胁自己，想想会发生什么或别人会怎么看我？)我当时是如何对待自己的？(我自责了吗？批评或者贬低自己了吗？骂自己了吗？或者痛打自己了吗？)"

2. "以这些方式给自己施加压力对我有什么影响？当我想到我陷入的困境时，我对自己有什么感觉？我如何看待自己？我想做点儿什么？我实际上做了什么？"

你的陪伴者是如何回答这些问题的，见下文。

••

因困境而给自己施加的压力

亚力克

1. 我做了些什么给自己施压？

> 我唯一的难题就是如何让我的妻子不再管我。我还没有认真考虑过要不要戒烟。如果她能让我自己考虑一下就好了。

2. 给自己施压是如何影响我的行为以及对自己的感觉的？

> 我最希望的是让我的妻子不要管我。我承认我朋友的心脏病让我很震惊，但这并没有让我对自己感到难过，只是让我稍微想了想。

芭芭拉

1. 我做了些什么给自己施压？

大部分时间我都试图忘掉它,或者告诉自己不要再犯傻了。没有人能拥有一切。很多人都会为拥有我的生活而兴奋。所以我告诉自己不要贪婪。我提醒自己斯蒂夫是多么好的一个男人,我是多么幸运能够拥有他。

我妹妹不是一个中立的倾听者。我一直在利用她帮助我保持冷静。因为我的这些感觉实在太可怕了。我是谁?我不像以前那么敏锐了,也不像以前那么有魅力了。为什么不能控制我自己?有时候,想要离开的冲动是那么强烈,以至于我感觉如果我不采取行动,我就会死。我一定有什么问题。难道我是一个坏人?难道我有病?——我需要吃药吗?这只是更年期和激素的作用吗?我想象着斯蒂夫脸上的痛苦表情,我的孩子们感受到的可怕背叛,即使只是想想对他们做这么可怕的事情,我也恨我自己。但是这些都没能阻止我如此渴望更多东西,我几乎可以尝到它们的味道。

2.给自己施压是如何影响我的行为以及对自己的感觉的?

我对自己很生气,因为我无法停止对这件事的痴迷。我是一个成年女性,但我觉得自己像个疯子。我对自己感到非常失望。我曾以为自己很清楚自己是谁。我的生活也曾经很有意义。现在我感觉我想逃离这一切,这些想法在我脑海里转来转去,就像孩子们的仓鼠一样,在轮子上奔跑却一无所获。这就是为什么我打电话给妹妹,让她使我感到内疚。然后我感觉自己坚强了一会儿,更像我自己了,我告诉自己,我真的要开始像我这个年龄的人那样做事了,这通常会持续到第二天,然后整个事情又会重新开始。

科林

1.我做了些什么给自己施压?

每次我真生保罗的气后,我都会感到难过。但我也觉得他可能没有站在我这边,这一点,换作任何其他人也会生气的。所以很长一段时间我都没有真正试图控制我对他的愤怒。直到他告诉我除非我能做到,否则他不能和我一起生活了,我就一直在自言自语。我告诉自己,这不应该那么难。我想到我有多爱他,我不想失去他。我提醒自己,在我们在一起之前我有多孤独,我有多讨厌我对象。我想到危及我们拥有的一切是多么愚蠢。我一遍又一遍地在脑海里思考着这些想法,以确保我不会马虎和忘记。

最重要的是,我告诉自己不要生气,并保证不大声嚷嚷,我不会失去控制。我想了不同的方法来做到这些,比如离开现场而不是大声喧哗,或者从10倒数到0,或者深呼吸,我向自己保证,当我生气时我会使用这些技巧。

2.给自己施压是如何影响我的行为以及对自己的感觉的?

到目前为止,它还没有起作用。说实话,一段时间以来,我一直告诉自己,是时候认真起来了,但是我仍然不能很好地控制我自己。最近,我开始觉得有点儿无能为力,比如为什么我还在发脾气?想到这一点,我就想更加努力。我确实这么做了,但我仍然会发脾气——有时候是无缘无故的。

我还必须承认,我对保罗把这件事搞得这么大感到恼火。感觉有点儿不公平,因为是我,必须做出所有的改变。我想我有点儿搞不清楚谁对谁错。不过,我开始对自己感觉很糟糕。有几次我独自一人出去,我哭了,因为感到有点儿绝望。

达娜

1.我做了些什么给自己施压?

我告诉自己，我不应该违背父母的意愿，也不应该抛弃我辛苦工作所换来的一切。我无法确定自己是否乐意从事教学工作。也许我的理想是成为一名老师，但当我真正能每天教书时，就会变得无聊和沮丧，就像我现在的工作一样。也许我只是一个无论做什么都不会满足的人。

所以我对自己浪费时间在网上查看研究生院感到生气。我并没有意识到这一点，但我做了很多和大学时一样的事情，告诉自己不要再做不靠谱和不负责任的事了，提醒自己我的工作也有很多好处。但是现在我已经有了很多"弹药"来支持我的想法，因为我的家人已经习惯了得到我的经济支持，所以我还是觉得突然撤掉对他们的支持是很自私的。

2.给自己施压是如何影响我的行为以及对自己的感觉的？

有趣的是——这一次，情况不像在大学时那样。尽管我现在对自己的要求比以前更严格，但我还是在网上搜索教学计划，想象拥有自己的教室会是什么样子。我大部分时间都感到困惑、压力和不知所措。我一直感到紧张，有时我会感到恐慌，心脏开始怦怦跳动，头晕目眩。只有一件事很确定，试图不去想它似乎是徒劳的。

艾莉

1.我做了些什么给自己施压？

每天早上我都告诉自己要坚持节食。我只需要看看自己肥胖的衣服，就会对自己感到厌恶。我周围到处都是激励——电视、杂志，以及那些身材好、自控力强的女性。我一整天都表现得很好。但到了午饭时间，我就开始想着为家人做晚餐。然后，我又要为在厨房忙活好几个小时而感到压力，因为每个人都可以吃到自己想要的东西。我又饿又累，整晚都在吃吃吃。我感到恶心，开始告诉自己，作为一个成年人，我真是太差劲了。哦，是的，当我大吃大喝的时候，我真的可以用一些有选择性的词来形容我自己。我讨厌自己控制力这么差！然后我就告诉自己，明天我会开始吃东西，我想是为了阻止自己感觉这么糟糕，并试着给自己一点儿希望。

2.给自己施压是如何影响我的行为以及对自己的感觉的?

> 我这样做的时间比我想的要长,而且我的体重一直在增加。我觉得自己是个彻底的失败者。我几乎无法忍受站到体重秤上,因为当我看到数字时,我都想尖叫。我觉得我让吉尔失望了——他不得不和一个胖老婆生活在一起。这足以让我感到绝望,我开始考虑采取极端措施,比如我应该用钢丝固定我的下巴,用钉子固定我的胃,谁知道还有什么呢。然后我又转向另一个方向,觉得这完全没有希望。我应该放弃,试着接受今后余生都会超重的事实,吉尔也应该接受这一点。我甚至开始怨恨他,这太疯狂了,因为他不是那个告诉我我是个没用的妻子的人。

现在轮到你了。想想给自己施压对你和你应对困境有何影响,然后在日记中回答上述问题。

反思因困境给自己施加压力的影响

对于你刚刚写的关于内在压力的内容,特别是考虑到你之前读到的关于压力使我们陷入困境的原因,什么让你印象深刻? 在将自己的反应写进日记之前,请参考一下你的陪伴者的反应。

- **亚力克**:"就像我说的,在喝酒方面,对我施加的压力主要来自我的妻子。但显然她的骚扰并没有给我太多空间去思考或决定我想做什么。"

- **芭芭拉**:"事实上,我对自己如此严厉的看法感到有点儿震惊。就好像我对自己所拥有的感觉感到迷失方向,无法站稳脚跟。很明显,对自己生气和不耐烦,命令自己把所有的感受都放到一边,并没有让我离解决问题更近一步。"

- **科林**:"我觉得我对此很难过,比我愿意承认的还要难过。成为有问题的那个人并不舒服。我也不能完全确定保罗是否100%正确,而我是否 100% 错误。但我真的不明白当我下定决心去做,我为什么似乎不能做得更好。我想这也有点儿可怕。"

- **达娜:** "我在大学时与自己进行了一场大斗争,我以为这已经结束了。现在又来了,只是这一次我不必一直约束自己直到毕业。除非我能一劳永逸地说服自己,否则看不到尽头。但这次我似乎没有什么理智。"

- **艾莉:** "我不知道什么更糟糕——我有多么超重,还是一次又一次的减肥失败,以及我对自己如此生气。我就像迷宫里的老鼠。这必须停止。"

你不必改变

探究你所承受的压力很可能至少使一件事变得显而易见:如果来自外部或内部的压力能起作用的话,它早就起作用了。但是没有人愿意被评判,也没有人愿意被控制。无论面临怎样的压力,我们都坚持自己有权保持犹豫不决或保持现状,直到我们知道自己想要什么;我们坚持我们没有能力选择或做出我们一直在思考(和强调)的改变,除非我们真正相信这是可能的。当有人(包括我们自己)评判或者试图控制我们时,我们会感到受到威胁;当我们感到受到威胁时,我们的注意力就会转向保护自己——在这种情况下,我们迫切希望让自己感觉良好和自由做出选择。当我们忙于保护自己时,我们就无法做出改变或者决定。

因此,告诉你"你不必改变"不仅承认了一个事实,而且表达了一种指导哲学和承诺。无论谁告诉你,你必须这样做,你都不必现在就处理这个问题、做出决定或者采取任何行动。没有人可以强迫你——你生活中的人不可以,我不可以,甚至你自己也不可以。你可以选择什么都不做,继续维持现状,要么是因为你不知道自己想要什么或者不知道你是否能得到它,也许两者兼而有之,要么是因为维持现状实际上是你的正确选择。这是你的权利。更重要的是,在你准备好之前,所有强迫你做某事的尝试(你自己的以及他人的)实际上都让你更难做出决定,或者感觉更难完成你想完成的事情。

是否做任何改变完全取决于你自己。这是你的生活,无论何时,你都要承受你做出的任何决定或你找到的解决方案。只有你才是做决定的人,而且你应该在准备好时而不是在准备好之前做决定。选择和时机都是你的;没有什么人或什么事可以改变这一点,这是理所当然的。所以在我们进一步讨论改变的可能性之前,让我们先减轻压力。

3

压力悖论的另一面

希拉是一位40多岁的女性，她的丈夫汤姆和蔼可亲，值得信赖——除了每隔几个月，他就喝得烂醉。多年来，希拉一直和他一起酗酒。通过和我一起接受治疗，她决定戒酒，但她对汤姆的反应有些担心。她的担心很快就得到了证实——在一个难忘的日子里，希拉戴着一副墨镜来到我的办公室，墨镜下露出了一个丑陋的黑眼圈。

我立即做出了反应。我进入了"危机"模式，强调必须确保希拉免受任何暴力侵害。当她透露汤姆仍在喝酒，而且这已经不是他第一次在酒后打她时，我的这个信念更加坚定。我提出了让她至少暂时离开家的办法，并说出了一个我可以介绍她去的妇女庇护所。我警告说，汤姆在酒醒之后无疑会表示悔意，但是临床经验表明，这并不会降低他今后再次打她的可能性。我尽我所能说服希拉，她必须与虐待她的人分开。

但希拉对我的劝告的反应却出奇地一致：对于我提出的每一个问题，她都给出了她不需要或不能离开的理由。她说，大多数时候，汤姆都是一个慈爱的丈夫和好父亲，这种情况很少发生。她已经停止工作，待在家里抚养孩子，不知道自己如何独自养活自己和儿子。搬到城里的另一个地方意味着她的儿子要上新学校，他的生活也会被打乱。她所有的东西都在家里，汤姆可能会知道这件事，而他可能会再次攻击她。她坚持说，尽管他做了那些事，但她还是爱他，她没有准备好放弃这段婚姻。

我开始不耐烦了；我试图帮助保护希拉的安全，但她似乎决心要阻止我的努力。我越来越意识到我们一无所获。我开始质疑希拉的判断力,并考虑放弃这个话题。

然后我意识到,希拉并不是这个对话的问题所在,我才是。我想了想希拉说的话。我考虑了面对颠覆你二十年来建立的生活的前景会是什么感觉。我对她说:"希拉,当我想到你告诉我的事情,以及所有不能离开现在处境的理由时,似乎对你来说,现在最明智的决定就是留在原地。"

希拉全神贯注地听着我说话。当我说完时,她停了下来,目不转睛地盯着我,激烈地回答道:"你疯了吗?"

然后她继续告诉我所有要离开的理由。被丈夫打的话,哪怕只有一次也太过分了。以前她自己养活自己,如果有必要,她可以再养活自己。让她的儿子目睹父亲对母亲的暴力行为比他不得不转学更糟糕。她可能会失去一些东西,但与受伤的风险相比,这只是一个小小的代价。如果真的到了那一步,去避难所会很难接受,但这不是永久的,她挺过了更糟糕的时期。最重要的是,如果你不得不生活在恐惧之中,那还有什么爱可言?

希拉就这样坚定而有说服力地讲了好几分钟,我则坐在那里听着。我能想到的每一个劝说她离开的论据都从她嘴里冒了出来,而我不需要再说一句话。

最终,希拉决定不再继续这段婚姻了。她并没有在那天决定离开汤姆;尽管她知道离开的诸多原因,也相信自己能找到办法解决,但她觉得自己需要更多时间来思考采取如此激烈的举措对她的整个生活意味着什么。但是在那次会谈结束的时候,她发现自己(她说)思路更清晰了,她制订了一个计划,先待在家里,等丈夫酒醒之后再和他谈谈发生的事情。

那么这跟你有什么关系呢?我和希拉之间发生的事情揭示了压力悖论的另一面:迫于压力的改变会让人们陷入困境,而接纳才会让人们获得自由。

起初,我以为希拉决心要和丈夫在一起。但我的判断是错误的。希拉对自己的处境很矛盾。她已经有了离开汤姆的充分理由。但当她考虑根据这些理由采取行动时,她同样也意识到迈出这一步似乎忽略了一些重要问题。

所以,那天希拉来找我,当时她正和自己就她面临的情况进行长时间的争论。毕竟,她是一个聪明而自我尊重的女人,她的丈夫在醉酒的愤怒中打了她。她怎么可能不纠结于该怎么做,权衡各种选择,努力决定什么才是对她来说正确的选择?

不幸的是,希拉与自己的争论毫无进展;她一直在心里犹豫着为什么应该离开,为什么应该留下,她陷入了内心冲突、焦虑和自责的恶性循环中。想象一个老式的天平,一边是离开的理由,另一边是留下的理由。从希拉的角度来看,天平的两边是平衡的,她无法向任何一个方向移动。

现在你可能已经发现了我的错误。希拉不会让我用她一直在对自己提出(并扰乱)的论点来打破这种平衡。然而,无意中,我的回答暗示她留下的理由不值得认真对待,她对离开的恐惧也无关紧要。只要希拉觉得我在试图说服她离开她的丈夫,她就不得不反驳。

只有当我不再试图说服希拉做我认为她应该做的事情,而是开始理解和接受她的担忧时,谈话才变得富有建设性。希拉不再需要为自己辩护,因为那条伤人的信息说,她多年来一直酗酒,偶尔还遭受暴力,这肯定是她有问题——这条信息会重复并放大她对自己已有的想法。她不再需要为自己的自由辩护,反对我试图指导她的行为。突然间,她可以告诉我她离开的理由和对留下的恐惧——这些想法和感受她从未大声说出来过,因为她担心听到的人会试图利用她自己的话来强迫她做出她还没有准备好的改变。一旦她把所有想法都说出来了,她就发现自己对自己的处境有了不同的看法,有了新的认识,并且很清晰,这让她看到了前进的道路。

接纳有助于改变

接纳是一种体验,让我们感受到深深地被理解、重视和肯定,而不是需要与众不同才能感到有价值。这是一种对自己的信任,相信我们的选择会被尊重。当我们感到被接纳或者接纳真实的自己的时候,我们就不再需要把我们的精神和情感能量集中在保护自己免受负面判断、控制和它们在我们身上引起的不良情绪上。相反,我们的精力和注意力可以自由地回答"我该去哪里?我如何才能进一步成长?"[1]等问题。这时,改变或者只是做出对我们有利的决定,就成为一种诱人的可能,而不是沉重的负担或痛苦的义务。

反过来,接纳需要同情心,需要对他人的痛苦持开放态度,希望用仁慈和关怀来减轻痛苦。同情心包括意识到我们所有人都勇敢地面对挑战,在不确定事情是否正确的情况下做出决定,但也会犯错和有缺陷,尽管我们的意图是好的,但注定会犯错甚至造成伤害。这种意识产生的接纳和理解促进了我们愿意原谅他人的失败,同样也至关重要的是,原谅我们自己的失败。正如心理学家克里斯汀·内夫[2]强调的,自我同情——关心我们自己的事和挣扎,善待自己以减轻痛苦,不带偏见地接受我们作为人类的局限性——是幸福和积极成长的核心组成部分。

增加来自他人和自己的接纳和同情的体验,让我们能够头脑清醒地思考,并将精力投入解决手头的问题中,而不是保护自己免受压力的侵扰。它恢复了我们的自主感,当我们感到能够掌控自己的决定和行为,而不是被他人或我们自己苛刻的内心声音所控制时,我们就能更好地看

---

1 Rogers, C.R.(1961).On becoming a person: A therapist's view of psychotherapy. Boston: Houghton Mifflin.

2 Neff, K.(2003).Self-compassion: An alternative conceptualization of a healthy attitude toward oneself.Self and Identity, 2, 85-101.

清自己和自己的处境,并利用我们天生的能力,根据自己的判断来确定什么对我们最有利。减少我们对自己的不耐烦和沮丧,让我们原谅自己,而不是因为自己的犹豫与错误而责备自己,这为诚实和冷静的反思开辟了一个空间,可以让我们产生关于如何解决困境的最佳思考。

因此,这就是我在本章剩余部分的目标,通过帮助你获得接受和同情,引导你走出压力悖论的另一面,让你开始前进。

获得接纳和同情

给你施压的人的接纳和同情

在第二章中,"描述你所感受到的来自他人的压力"这一节,你写到了你生命中的一些人,他们一直在告诉你应该做什么,并告诉你,你想改变或者不想改变的理由都是错误的或者不值得认真对待的。这些人很可能认为他们正在尽力帮助你。如果他们突然开始"告诉你你想听到的而不是你需要听到的",他们很可能担心他们只是在"支持"你继续以他们确定对你不利的方式行事。所以我们真的不能指望他们改变其做法。

但是,如果他们能够明白他们所做的事情对你不利,并且知道这确实是他们能做的最好的事情,那会怎样呢?如果他们关心你,他们可能希望你听到他们说的话,是帮助你减轻压力。因为你比任何人都更清楚那会是什么感觉,所以你自己才是那个最佳人员,告诉自己那些他们不知道该如何对你说的话。

如果你生活中的人不再向你施加压力,而是说出你希望他们说的话,那会是什么样子?以下是五位陪伴者希望能从施压者那里听到的。

我最想从施压者那里听到什么话

亚力克

我希望她能对我为家庭所做的一切表示感谢。好像她没有意识到我承受的压力……我希望她说她知道我工作非常努力,当我知道事情的利害关系时,我很难与顾客闲聊并开玩笑。我只想听她说一次,"亲爱的,做你需要做的事。我知道你所做的一切都是为了我和简。如果喝几杯酒是必需的,我可以理解"。我知道她担心我的健康,我也知道她希望我多陪在她身边,如果她能看到她是如何让我的生活更艰难的!比如在一天结束时,如果她能说"我很抱歉唠叨你,如果你真的需要因工作而晚点回家,那好吧!"我不指望她完全接受;只需要她退后一步。我很想在漫长的熬夜之后听到她说"我很高兴你回家了"。

芭芭拉

好吧,我又一次想到了,就像我绝望时一瞬间的幻想,如果我妹妹可以这样说,情况就会有很大的不同:"姐姐,我真的喜欢斯蒂夫。但我喜欢他是因为他爱你,并努力让你快乐。如果你不爱他,那么我最大的愿望就是你重新找到你的激情。如果我说我不想念你们俩在一起的样子,那我就是在撒谎,但这与我无关。我更愿意你能重新做回你自己,如果你不能和斯蒂夫甜蜜如初,那么无论付出多大代价,我都希望你去做。我会一直陪在你身边的。"

科林

我必须承认,我很想听他说我不需要做出任何重大改变,因为他意识到我的愤怒并没有那么糟糕。比如说"这没什么大不了的。我们都发过脾气,有时候你完全有权利对自己受到的对待感到生气。我们发怒的方式不同，但这不意味着你发怒的方式有什么问题。你有权利做你自己，即使我并不总是喜欢这样。我有时也会太敏感。我们每个人都对事情出错负有责任。让我们回到我们以前的样子，双方都努力让我们之间的关系变得更好。"

达娜

我想如果他们能对我说这是我的选择，如果我想尝试做一些和孩子们一起工作的事情，他们会认为我能做得很好，我会感觉好很多。我值得去追求我的梦想。如果他们能明白，谨慎行事并不是生活的全部，那就太好了。我可以接受他们认为我维持现状是合理的。我只是希望他们也能看到，除了钱，我还缺少其他东西。我希望他们能说："你还年轻。如果你现在不冒险，你永远也不会冒险……生命中有时候需要退一步才能前进。"还有"别担心。你已经帮我们很久了。如果这是你决定做的，我们会没事的。"以及"这取决于你自己。我们知道你会做出正确的决定。我们相信你"。

艾莉

通常我认为别人说的话我都听过，就算他们真的想出新点子也无济于事。我想吉尔可能会说他愿意帮助我，让我的生活每天都更轻松。他不明白当我非常疲惫和紧张时，控制饮食有多难。我希望他能理解我似乎无论如何都无法成功的感觉有多糟糕。我知道他爱我，他从不抱怨，但如果他说："亲爱的，我不明白这对你来说有多难，这对你有多重要。如果我能帮你，我愿意，我也会让孩子们帮忙。"尽管我会觉得太内疚而无法接受他的提议，但听到他这么说还是不错的。

至于我的朋友，哪怕他们中只有一个人能对我说："你值得我拍拍肩膀！"事实上，如果有人走过来对我说："你如此努力地照顾别人，你是一个好妻子和好母亲——但当你干完一天工作时，你会筋疲力尽，难怪会忘记注意饮食。你应该吃点儿好东西！"我知道这不是一个好的借口，这种想法不会给我带来任何好处，但很多时候我感觉自己在逆流而上，而别人却认为我只是随波逐流，我会对自己感到非常难过。

•••

现在轮到你了。想象一下，如果那些一直给你施加压力的人明白减轻压力的重要性，并知道如何帮助你感到被理解和被接纳，他们会怎么说。记住，这不是他们在现实中对你说的话；如果你注意到你想象他们给你建议，或者你在写作时感到被批评、被责备或对自己不好，请停下来，想想你真正被人理解和接纳的时刻，然后想象一下某人说了什么话会让你现在有这种感觉。把你的想法写在日记里。

接纳与你有同样处境的人

感受到被他人接纳而不是被他人施压是成功摆脱压力的一半；另一半是接纳自己并表达对自己的同情，而不是因为自己陷入困境而批评自己，或者在不知道自己想要什么或者如何实现目标之前要求自己做出改变或决定，而正如我们在第二章中看到的那样，这部分实现起来更加困难。一旦我们确信自己能力不足，就很难以不同的眼光看待自己。

所以让我们尝试一些更简单的事情。想象一下，你所关心的人陷入了与你相同的困境中，你想帮助那个人感受到深深地被理解和重视，就如同他在这种情况下一样，而不是因为他缺乏或没有做的事情而受到评判；相信他可以按照自己的时间做出自己的决定，而不是需要立即采取行动或被他人告知该怎么做。你如何帮助你的朋友有这种感觉？

你的五位陪伴者想象自己说的话如下。

．．．

我对同样处境的人会说什么，让他们感受到被接纳和理解

亚力克

首先，我会说："你为家人拼命工作是因为你爱他们。你没有整天出去玩乐；你只是在做你需要做的事情来照顾他们。我知道错过孩子的成长是一种牺牲，很多时候你更愿意待在家里。但是你的妻子需要意识到，如果你不做你正在做的事情，她将无法拥有现在的一半。"然后我会说，"我认为你的妻子是爱你的，你内心深处也知道这一点。问题是她没有表现出来，这让你觉得她不欣赏你。也许她唠叨你这么多是因为她担心你。她可能不是故意给你的生活增加额外的压力。但最重要的是，她让你觉得你错了。不管有没有酒，你都是一个努力工作的人和一个好丈夫，你应该感觉到她明白这一点，并相信你可以为你自己和你的家人做出正确的决定。"

芭芭拉

我想告诉我的朋友，你现在的处境非常艰难，我想让你知道我理解你。从外表来看，放弃你所拥有的一切是愚蠢的，毫无理由地伤害你所爱的人是自私的。你只会后悔。他们不知道你内心的感觉。你不是故意要有这种感觉——你一直在努力不去这样。我知道孤独的感觉，这些奇怪而顽固的感觉就是不会消失。我不知道答案是什么，但我想我可以告诉你，你并不坏，也不疯狂，因为我也正在经历这些。所以也许我们需要停止与这件事做斗争，关注它对我们意味着什么。你不应该有如此糟糕的感觉，不管你决定做什么，你的心都是正确的。

科林

> "你并不是那种会威胁你所爱之人的男人,我知道你永远不会在愤怒中打人,让你承担所有的责任是不公平的,所以我确信你感到被逼入绝境,很难理解他为什么这样做。你选择与之共度一生的人以如此消极的方式看待你,你一定感到非常难过。但我也知道,你内心一直渴望的就是你们两个人幸福,所以也许这就是你所需要的。也许你生气的方式对他的影响比你想象的要大。也许爱他意味着要从一个新的角度来看待这件事。我并不是说让你咬紧牙关做出改变。我开始意识到这样做行不通。但我想,是让他开心,还是让他想留下来,真的取决于你自己。"

达娜

> 我会对她说:"你非常爱你的家人,你想成为一个好女儿。你努力工作,自立自强,很了不起。你不得不做出一些牺牲,才能达到现在的水平,所以你应该为自己感到骄傲。你已经证明了你有责任心和成熟度。但这些不是靠做这份工作就能做到的;它们是你拥有的品质。人们不知道被低估是什么感受,也不知道你没有真正的挑战。你的父母可能真的明白这一点,因为他们把你养大,不允许别人对你指手画脚。从他们的角度来看,为了这样一个不确定的未来而放弃现在的稳定工作,从很多方面来说,他们是对的。但是你这个愿望由来已久,你可以想象自己在做这件事时感到满足和快乐。所以无论哪种选择都并不意味着不负责任或不成熟。"

艾莉

> 我想说，"没有体重问题的人很难理解这有多么令人沮丧和困难。如果人们不那么挑剔就好了。人们似乎认为这并不难，只要有一点自控力，不要那么软弱就行了。然后其他人认为我们应该忍受它，甚至更糟的是，有时他们会可怜我们。我真的很同情你，当你真的很难受的时候，却不得不假装这些事情都不会困扰你。"

> "然而，有时我们最终会成为自己最大的敌人，不是吗？我知道你会生气。对自己说刻薄的话，这真的没有帮助。你也许可以对自己说更多好话，比如不能仅仅因为你是一个胖子，就说自己是一个彻底的失败者。我不是在告诉你该对自己说些什么，而是告诉你，你应该听到这些。你有一个非常有爱的家庭和好朋友，还有相当好的幽默感。如果你这么没用，你就不会拥有这一切。你的体重不是一切。我们都需要停止评判自己，不要让别人的意见对我们产生太大的影响。我认为，除非我们停止这样做，否则我们俩都无法找到其他解决办法。"

· ·

现在轮到你了。你会说些什么来帮助一个和你处境相同的朋友，让他感到被完全接纳了呢？把你的答案写在日记本上。如果你像科林和艾莉一样，很想给你的朋友一些建议或者告诉他该怎么做，不要感到惊讶。毕竟，这就是你从别人那里听到的，而且很可能也是从你自己这里听到的。如果你发现自己在给出建议，请暂停一下，提醒自己，你的目的是传达接纳和同情，仅此而已。如果你不确定别人会如何理解你的话，问问自己"如果别人对我说这些话，我会有什么感受？"如果答案是"责备""评判"或只是"不太好"，那就试着写一些能让你感觉被理解的东西。

请记住，这个活动的目的不是让你解决你自己的矛盾心理。不要用这个活动给自己施加更多压力；用它来放下那些期望，表达你对所关心的人的善意。

反思收到与给予的接纳和同情

经过一番思考和写作之后，花一点时间反思可以带来新的视角。请再次阅读你对第一个活动的回复，然后我希望你对第二个活动做一些不同的事情。

你可能还记得，我在序言中说过，有时我会要求你大声朗读自己写的东西。事实证明，我们大脑中加工声音（包括语音）的部分与负责存储我们过去所经历事件记忆的部分密切相关。这并非偶然，从人类发展出语言能力开始，我们就互相讲述我们的生命故事，不仅是为了与他人分享，也是为了了解我们自己。我们还有新的证据[1]表明，听到自己的声音会以一种特定的方式激活我们的大脑，有助于解决矛盾心理。所以，请大声朗读你对第二个活动的回答，一边朗读一边聆听自己的声音。以下是你的同伴在朗读他们的回答时所感受到的震撼。

- **亚力克**："我以前没有意识到，如今妻子对我一点感激之情都没有，这让我很烦恼。我们结婚的时候，她总是告诉我，我是一个多么优秀的养家糊口的人，那时候我赚的钱比现在少很多。现在她总是说自己感到孤单，怀念我以前的样子，这些我都不喜欢。"
- **芭芭拉**："我意识到，内心这些想法和感受翻腾，让我感到孤独是多么难受。想象一下，我妹妹说这些话，让我意识到我很想念她。现在她就像我的负罪感，而不是我的情感支柱。此外，当我意识到我没有试图有这种负罪感时，我一直在努力停止这种负罪感。尽管我拥有很多，但我不会像往常一样因为不满意而感到内疚和不感激。"

---

1 Feldstein Ewing, S.W., Yezhuvath, U., Houck, J.M., & Filbey, F.M. (2014). Brain-based origins of change language: A beginning. Addictive Behaviors, 39, 1904-1910.

- **科林:** "听起来我觉得整个问题都是他的错,而我是受害者。我知道这不是真的。我一开始感觉所有责任都在我,然后我想把所有责任都推到他身上。但互相指责是没有用的,因为那样每个人都会感到难过。关键是我们双方都感觉好一些。不管怎样,你必须找到一种方法来承认你的问题……并努力改变它。你必须这样做,而不必觉得自己是个糟糕的人。"

- **达娜:** "前一刻我还在告诉自己必须停止这种无意义的纠结,下一刻我又想起父母鼓励我冒险追梦的话。我为自己如此优柔寡断而生气。但当我以'朋友'的身份对自己说'她'有很多值得骄傲的地方,而且感到困惑并不奇怪时,这种感觉很好。没有人告诉我这是一个艰难的决定;他们只是告诉我,我考虑这件事简直疯了。当然,我也对自己说过同样的话。"

- **艾莉:** "我喜欢想象我丈夫对我说他想帮助我。但是后来我感到害怕,我不知道为什么。对于工作中的女生们也是一样,我喜欢想象她们对我说那些好话,但后来出于某种原因,我对此感到难过。当我以'朋友'的身份对话时,我能理解她的困境,并真心想帮她振作起来。可一旦意识到那其实是我自己,这种同理心就消失了。看来我挺擅长帮朋友开解,却很难让自己相信这些道理。"

现在轮到你了。当你大声重读你所写的内容时,什么让你印象深刻? 你发现什么有趣的或者令人惊讶的事? 它让你想到或感受到什么? (把你的答案写在日记上。)

现在还有一步:请你再读一遍你刚刚写的反思,看看你在写它时你注意到的对自己的想法和感受有哪些。以下是你的五位同伴发现的内容:

- **亚力克:** "我觉得我好像对我的妻子很生气。也许我不愿承认她不再说我的好话对我来说有多重要。但我也感觉她在质疑我的判断力。也许这让我很困扰,尤其是因为我对自己有些怀疑,我也不想承认。就像我升职的情况一样,这让我心烦意乱,这不是好事。"

- **芭芭拉：**"我认为我让自己感到内疚是为了控制自己，阻止自己自私。但我也注意到，心心念念想着自己没有得到的东西也会让我觉得自己很自私。我一直认为这是真的，但现在我又不确定了。"

- **科林：**"我批评自己，因为我觉得自己是无辜的，但我也善待自己，说让我自己选择我们中的谁是坏人并不是一个好主意。不过，我真的很难不去想谁应该受到责备。真相很可能是我们两个都错。也许最好不再寻找谁应该被责备。我只知道，如果我是那个必须做出所有改变的人，那将默认我就是那个完全错误的人。我无法相信都是我的错，所以当我内在有一部分觉得把所有的负担都压在我身上是不公平的时候，我一直在努力改变它。这也许有助于解释为什么到现在为止我在这方面做得这么差。（哎呀，又一次批评自己了。）"

- **达娜：**"我看得出来，我对自己无法停止走弯路感到沮丧，但主要是我一直在试图说服自己，我必须想办法停止我的愚蠢行为。但事实并非如此。我考虑重返校园可能很不可思议，但是我不能装作我不需要做决定，因为我确实需要做这个决定。只是我不知道我是否愿意冒这个险，因为我一直告诉自己这根本不应该是一个选择。除非我停止这样的自我对话，否则我无法清楚地思考整个情况。"

- **艾莉：**"我很清楚自己对自己不够友善或理解自己。或者说不只如此——当有人对我说好话时，我会拒绝，当我试图对自己说好话时也是如此。我很容易对别人好，我宁愿帮助别人也不愿让别人帮助我，即使是吉尔。我不知道我为什么会这样，但我就是这样。"

现在轮到你了。你发现了什么？请记住，这些活动的目的是帮助你以接纳、理解、同情和自我信任的态度聆听自己。你成功做到了吗？或者，你是否在刚刚写下的内容中发现了批评或自责、愤怒或沮丧、不耐烦或要求自己去做出决定、改变或采取行动？你现在可以以接纳和同情的态度进行反思，以帮助减轻压力吗？把你的答案写在日记中。

自我肯定：通向自我同情和自我接纳

当我们在矛盾心理中挣扎时，以同情心对待自己并以接纳的态度看待自己可能尤其具有挑战性。正如我们所见，部分原因是我们开始责怪自己陷入了陷阱，对自己越来越沮丧和不耐烦，并在我们还没有准备好的时候，试图强迫自己采取行动。结果就是让我们感到内疚、厌恶或羞愧，一旦这些评判扎根，我们很难摆脱自尊心下降的循环，越来越确定我们永远无法摆脱困境。

我们每天从周围世界收到的许多信息也使自我接纳和自我同情变得更加困难。我们生活在一个批判的文化中。我们周围充斥着广告，告诉我们我们有哪些不足，这样我们就受到激励去购买这些产品，来弥补这些不足。当权者在评价我们时，往往会强调我们的缺点而不是优点，希望通过这种方法激励我们取得更大的成就。虽然批评可能会产生促使人们表现的预期效果，但它也让我们中的许多人更清楚自己哪里错了，而不是哪里对了。

与我们许多人的认识相反，真正对自己感觉良好会促进我们清晰地思考自己所面对的处境，对未来充满希望，并对积极的改变持开放的态度。那么如何帮助自己有良好的自我感觉呢？那就是关注和认识到我们自身真实且有个人意义的积极品质，我们的本质，并让这种认识指导我们如何看待和思考自己。这就是下一组活动旨在帮助你做的事情。

下面是一份"你可能拥有的积极品质"清单。这份清单（改编自动机访谈创始人比尔·米勒和史蒂夫·罗尔尼克制定的清单）来自成功做出艰难决定并在生活中取得积极变化的人的经验。通读清单并圈出每个以某种方式命名你拥有的品质的单词（可以在表3-1中）。没有"正确"或"错误"的数字，所以不用担心你是否圈得过多或者过少。我在底部留了一些空白，让你添加我未列出的任何品质。

表3-1　你可能拥有的积极品质

接纳的	有能力的	有决心的	灵活的
活跃的	仔细的	忠心耿耿的	专注的
适应性强的	体贴的	敏锐的	宽恕的
喜欢冒险的	迷人的	自律的	友好的
深情的	开朗的	实干的	风趣的
雄心勃勃的	优雅的	脚踏实地的	爱玩的
感激的	聪明的	积极进取的	慷慨的
善于表达的	忠诚的	急切的	温柔的
艺术的	富有同情心的	认真的	亲切的
有进取心的	自信的	随和的	感恩的
精明的	周到的	高效的	接地气的
运动的	有创造力的	善解人意的	得力的
细心的	好奇的	鼓励的	快乐的
有吸引力的	乖巧的	精力充沛的	勤奋的
大胆的	胆大的	娱乐型的	健康的
勇敢的	决断的	有道德的	助人的
聪慧的	投入的	雄辩的	诚实的
冷静的	深沉的	忠实的	谦逊的
富有想象力的	有激情的	负责任的	甜美的
天真的	耐心的	精通的	感同身受的
有洞察力的	感觉灵敏的	诱人的	圆滑的
鼓舞人心的	执着的	有自知之明的	有品位的
聪慧的	调皮的	无私的	周密的
有趣的	礼貌的	自给自足的	体贴的
内省的	积极的	明智的	坚韧的
善良的	强大的	敏感的	传统的
生气勃勃的	务实的	多愁善感的	信任的
可爱的	虔诚的	安详的	值得信赖的
有爱心的	私密的	真挚的	非传统的
忠诚的	及时的	坚实的	理解人的
成熟的	保护的	灵性的	乐观的

续表

一丝不苟的	质疑的	自发的	有男子气概的
谦虚的	快速的	稳定的	有远见的
整洁的	安静的	坚定不移的	活泼的
和蔼的	现实的	稳重的	热情的
不物质的	合理的	直率的	好客的
滋养的	可接受的	适应都市环境的	博学的
开放的	可靠的	坚强的	智慧的
乐观的	信仰宗教的	固执的	机智的
有条理的	足智多谋的	时尚的	世故的
外向的	尊重的	支持的	热情洋溢的

_____	_____	_____	_____
_____	_____	_____	_____
_____	_____	_____	_____
_____	_____	_____	_____

现在花点时间思考一下完成这项活动的过程。在选择自己的积极品质时，你发现了什么？在考虑了你的同伴对他们的选择的反思后，把你的答案写在日记中。

- 亚力克圈出了84项品质："我有很多优点。这让我想，'我的妻子可能更糟糕！'我并不完美，但我工作非常努力，而且我做得很出色。我确实注意到，这些品质中的大多数在工作或家庭中会更早地显现出来，除这两个地方以外，我很少做其他事情。"
- 芭芭拉圈出了56项品质："我被其中的一些品质难住了。看到'有激情的’让我想起了以前的我和我想成为的人，但我知道这不是现在的我。看到'忠诚的'或者'忠心耿耿的'这样的词让我很难受；我一直以来的感受让我觉得我没有权利用这些方式描述自己。我发现在这次练习中很难不把注意力集中在我的问题上。但让我感到欣慰的是，我确实觉得自己现在拥有不少积极的品质，而这整件事并没有让我完全忽视它们。"

- 科林圈出了95项品质："我很惊讶能找到这么多可以圈出的词语。我一直都知道我和其他人不一样，不仅仅是性取向，还有其他方面。这就是为什么我圈出了'非传统的'。但现在看到我也和其他人有很多共同的品质，我感到很欣慰，因为这让我感觉更正常。我添加了'激烈的'这个词，因为没有其他词能完全描述我的性情。我注意到我选择了很多词来描述我在恋爱中的表现。我相信我拥有这些品质，但考虑到我们目前的状况，这很难想象。"

- 达娜圈出了68项品质："起初，我注意到一些我希望圈出的词语，比如'快乐的''冷静的''乐观的'。我只是觉得我现在还不具备这些品质。这让我有点难过。但我没有纠结于此，我注意到我有很多可以圈出的东西，我知道这些东西对我来说都是真实的，这些东西永远不会改变。这个感觉很好。"

- 艾莉圈出了76项品质："我拥有比自己想象的更多的积极品质，这真是太好了。我喜欢一些品质，以前我一直认为它们是消极的，比如'安静的'，而我在大群体中经常如此，这些品质可以被认为是积极的，我想有时确实如此。(我是一个很好的聆听者。)我一定是'可爱的'，因为我的丈夫爱我，我的孩子也爱我。但是我自己却从来没有这么想过。我觉得有些词很有趣。有一些人很'热情洋溢'吗？我想是的。但我不是。"

现在再看看你圈出的词，选出最能体现你的特征的三个，然后问问自己这三个词对你来说意味着什么，以及你为什么选择它们。

你的五位同伴的回答如下所示。

....

最能体现我性格的积极品质

亚力克

"勤奋的""助人的""忠诚的"

"勤奋的"和"助人的"：这就是我的成长方式——尽最大努力做好自己的工作，不要抱怨。如果你看到别人需要帮助，就主动帮助。这也是销售的意义所在——想方设法帮助客户，满足他们的需求。忠诚也与此相伴。我忠于我的朋友、家人、雇主和客户，我希望他们也能对我忠诚。如果有人背叛我，他会失去我的忠诚。我对别人期望很高，我认为他们也有权对我期待很高。

芭芭拉

"感激的""热情的""积极进取的"

我的第一个念头是"我怎么才能只选三个呢?"但是当我仔细查看时，这三个词突然出现在我眼前。"感激的"我对我生命中拥有的一切的感受。当我没有感到内疚和自私的时候，我可以真正地拥有这种感觉，而且它表现出来了。有人告诉我，我是一个热情的人。我身上有种东西让人们喜欢和我在一起，当他们在我身边时，他们会感觉很好。我非常喜欢这种品质。还有"积极进取"——有时候我感觉我体内好像有一台发动机在转动，让我想要把事情做好……我一直都是这样。我的父母告诉我，那些"劲量兔子"广告让他们想起了我小时候的样子。它确实让我养育成功养活了三只小兔子。

科林

"激烈的""有创造力的""内省的"，我想加上"有爱的"

我知道我是一个有爱心的人，但现在很难考虑这一点。我的"激烈""有创造力"和"内省"是相辅相成的，所以很难将它们分开。我一直很内向，非常专注于我的内心生活，试图了解我是谁，我为什么做我所做的事情。这并不总是那么容易，但我不想改变。这是我创造力的源泉——我向内观时，想法就会涌入我的内心。它不会变得非常强烈，但没有这种强烈，就不会发生任何有趣的事情。我在人际关系中也很"激烈"——我不是那种随便的人，什么人都交往，我只需要几个对我真正有意义的人。

达娜

"稳定的""多愁善感的""温柔的"

稳定的、接地气的、坚定的——我似乎不会被任何事物所动摇。我似乎有一个不变的内核；不管我经历了什么，我不会从根本上改变自己。我的朋友和家人可以指望我在那里，我也可以指望我自己。我选择多愁善感，因为我喜欢这种感觉，但有些人认为有点感伤。我并不会向不亲近的人展示自己的这一面。当人们表达对彼此的温柔感受时，我会情绪激动，尤其是谈论他们过去的特殊时刻。温柔对我来说意味着它的字面意思——我尽量不对人、动物或其他任何东西粗暴或粗心。

艾莉

"忠心耿耿的""勤奋的""感恩的""坚强的""慷慨的""理解人的"

我无法只选出三个。我的家庭就是我生活的中心，我对他们忠心耿耿，我很感激能够有幸和他们生活在一起。我也认为我在工作和家庭中都非常勤奋。我从小就是这样长大的。我犹豫着是否要写下"坚强的"，因为我显然没有力量解决我的体重问题，但我相信我在其他方面很"坚强"。每当别人需要依靠我时，我都有力量陪伴他们。相比接受他人的东西，我更喜欢给予他人。我似乎总是能够理解别人，并试图表现出这种理解。写下这些我感觉有点自负。我知道我遵循指示，但说这么多自己的好话确实让我感觉不是很舒服。

现在轮到你了,问问自己,你选的这三个词,每个词对你意味着什么,为什么你选择它们,把答案写在你的日记中。

现在,作为此活动的最后一步,请在三个词里面选择两个词,回忆每个词清晰呈现的时刻,描述当时的情形以及这个特质是如何展现出来的。让我们先来看看这五位陪伴者的回答吧。

∙∙

当我的两个正向品质显露时

亚力克

忠诚的

> 我弟弟和他妻子开始出现婚姻问题了。有几次我生弟弟的气,因为我知道他并不是无辜的。但有一天晚上,他终于打电话给我,几乎哭了起来。他说,他妻子的朋友看见他和另外一个女人在一起,她正在申请离婚,她会让他再也见不到他们的孩子。我告诉他,在他站稳脚跟之前,先来我们家住,我会付钱请最好的离婚律师,他不必担心他妻子的威胁。我想他一定告诉了她我说的那些话,因为他们最终达成了监护人协议。他确实跟我们住了一段时间,非常感激我,我的妻子也很支持我。她尊重我对家庭的忠诚,且相信我也会这样支持她,这样对待她的家人。

助人的

> 有一次我印象特别深刻,当时我女儿还小,我丈母娘住院了。我妻子试图在照顾她妈妈和陪伴简之间做出权衡,那段时间,简整天叫着"妈妈,妈妈,妈妈……",我尽可能地陪伴和照顾简,但是很难,因为她不太配合我。所以有一天晚上,温迪精疲力竭,她知道简需要花点时间陪伴。她只想待在家里陪她休息,但是她担心医生来报告她母亲的病情时没有人在场。尽管我自己也很累,但我还是去了医院,和她母

亲坐在一起度过了整个晚上。我们看电视、聊天，当医生进来的时候，我和医生谈话，并让我妻子也接了电话，听到这些报告。这似乎是我应该做的。

芭芭拉
热情的

我的二儿子大概9岁或10岁的时候，在夏令营期间，我在那个营地的办公室工作。一天晚上，他宿舍里的一个男孩腹部剧痛。每个人都很担心，他们把那个男孩送到最近的医院。之后，他宿舍里的人全无困意，我儿子我到工作人员的宿舍，靠近我睡。不久，他宿舍里的小伙伴都挤进我的宿舍，带着睡袋和所有东西。然后几位辅导员出现了，大约一个小时后，我完全被包围了。他们整晚都在讲故事、听音乐。他们一进我的房间，似乎就忘记发生了什么。最有趣的是，我几乎什么都没做，只是坐在那里！他们聚集在我身边，就感觉好多了，互相娱乐。到了早上，才发现我们横七竖八地睡了一地，当我们醒来时得知，那个男孩做了阑尾切除手术，没事了。

积极进取的

当我第一次成为我女儿排球队的教练时，我对这项运动几乎一无所知，更不用说如何执教了！但我看得出这些女孩需要帮助。她们的兼职教练显然不想继续干了，而且他的态度非常恶劣。长话短说，在短短几个月内，我学会了关于这项运动和执教这个年龄段儿童的所有知识。我开始观察并与所有女孩建立积极的关系。我们练习，练习，再练习。我们举行了筹款活动，筹集到了足够的钱来购买设备和新制服。我最终我到了另一位非常热心的妈妈来担任助理教练，我们一起帮助那支球队有史以来第一次进入半决赛。我们有两个球员将为全明星队效力。她们的父母非常自豪和感激，最棒的是，即使我们离开学校后，球队仍在继续努力。有时我会为此感到自豪，虽然我已经不在那里了。

科林
有创造力的

当我和保罗刚在一起的时候，我们经常去这个俱乐部玩，我们和那里的很多人关系都很好。每年他们都会举办精彩的万圣节庆祝活动，每个人都会努力超越上一年的服装。我总是自己设计和制作我们的服装。我喜欢挑战，专注于让它们变得完美，尤其喜欢看到保罗看着每件服装组合在一起时对我投以赞赏的目光。他总是对我的能力感到惊讶，这让我觉得自己是个魔术师。我们的作品总是受到很多关注，我们获得一等奖的那一年非常棒。我记得那天晚上他看起来很开心。但对我来说，最高潮的部分是他带着好奇和爱的眼神看着我。当我们彼此这样看着对方的时候，就好像旁若无人，或者其他什么都不重要了。

有爱的

我意识到我想写的是关于爱，因为这对我很重要。在我们搬到一起之前，保罗养了一只德国牧羊犬，叫安妮。他爱那只狗，比我见过的任何其他人都爱宠物。它立刻让我爱上了他。他用温柔的语气和它说话，它对他的每一个情绪和动作都做出了回应。后来，它得了一种疾病，兽医说这只会带来痛苦，所以保罗决定让它安乐死。那天晚上我和他一起去了，我看着他把它抱进来，裹着为它特制的阿富汗毯子，我惊叹于他有多勇敢。当他独自出来时，我们默默地开车去了他家。我们喝了一杯，仍然沉默不语，然后他问我是否愿意留下来。然后他蜷缩在我身边，把头靠在我的腿上。我低头看着他的脸，看到一滴泪水从他的脸颊上滚落下来，然后又一滴。他的眼泪变成了抽泣，然后停了下来，他躺在我的腿上睡着了。那一整晚我都坐在那里抱着他。我当时就知道我会爱他一辈子。后来我为他画了一幅画——一幅他和安妮的画/拼贴画。它至今还挂在它（安妮）睡觉的房间里。

达娜

多愁善感的

当我还是大学一年级学生时，我所在楼层的女生们举行了电影之夜，观看了《西雅图不眠夜》。我的室友发现我在看"帝国大厦"那一幕时悄悄地哭泣，她关心地问我为什么哭。当我告诉她我总是在看这样的电影时哭泣，她大笑起来。她以为那天我出了什么事。我告诉她我只是不想让其他女孩子看到我哭泣而已。虽然我的家人为此取笑我，但我还没有准备好被这些女孩取笑。此后，我的室友真的对我改变了。我想她以前认为我比较傲慢或冷漠，结果发现，其他女孩也有类似的印象。我的室友开始说："为什么我们不再看一次《西雅图不眠夜》呢？这样我们就可以看到达娜哭了。"这样的话很亲切，实际上让我感觉很好。最终它变成了一个问题——谁能选出一部会让我哭的电影。我发现我不是唯一的那个哭泣的人。那一年我们的关系非常亲密，这真是太有趣了，而这一切都始于我压抑的哭泣！现在，当我再看《西雅图不眠夜》时，我对我们的宿舍和帝国大厦都充满了感情。

稳定的

我上高中的时候，我的表姐凯伦突然因动脉瘤去世。她就像我的一个大姐姐。她家和我家在同一条街上，我在她家住了很长时间，几乎是她把我养大的。她去世时，每个人都很震惊。起初，每个人都担心我将如何面对她的去世。但情况发生了变化，因为我似乎比他们处理得更好。我很痛苦，我哭了，在学校也经历了一些困难时期。但我内心的某种东西似乎帮助我保持了稳定。我觉得我还是原来的我，感到心碎。我记得我告诉过我妈妈，没有凯伦的生活会是什么样子，但我想我只是接受了事实。我的朋友们有时会告诉我，我就像他们的"支柱"。我知道他们并不是说我没有感情；他们的意思是如果他们需要我，我就在他们身边，当我跟他们谈论他们的问题或我自己的问题时，我不会崩溃。

艾莉

忠心耿耿的

我记得在一个圣诞前夜,我和丈夫熬夜为孩子们包装礼物,把圣诞老人要送的礼物放在圣诞树下。我当时得了流感,但我却不知道。不管怎样,当我在给礼物做最后的修饰时,我感到一股暖流涌上心头。这可能发烧了,但我对丈夫说"我觉得没有比这更好的了。"第二天早上,我病得厉害。当时的特蕾莎只有两岁,她看着圣诞树,张大嘴巴,喘着粗气,一个字一个字地说"妈妈,看,圣诞老人来我们家了……"当我看着孩子们的脸庞时,我哭了,我对丈夫说昨天晚上我说错了,这才是最好的。我几乎没有注意到自己病得有多严重。对他们忠诚给我带来很多礼物。我很感激那些回忆。

慷慨的

我最想做的是慷慨地利用我的时间,而我的时间总是不够用。我的侄女最近打来电话,哭着说她和她男朋友分手了,因为她发现她男朋友出轨了。她问是否可以过来聊聊,因为她父母不在家。那天我还有其他计划,但我还是答应了。好吧,她过来聊天,边说边哭,我尽力帮助她,但似乎她需要更多。所以我问丈夫我们是否可以推迟原定看的电影,他同意了。她和我们一起度过了一个晚上,然后又过了一夜。这并没有减轻她的伤痛。但我认为这让她意识到她永远不必感到孤独,尤其是在她感觉那么糟糕的时候。

• •

现在轮到你了,问问你自己"当时的情况是怎么样的?这种品质是如何表现出来的?"把答案写在你的日记本上。

在你反思自己的积极品质后,你现在有什么感受?你现在如何看待自己?在你看过这五位陪伴者的反思之后,把你的答案写在日记本上。

- **亚力克**："我对自己感觉很好，但我怀念我和妻子以前的样子。那时她似乎更经常和我在一起。我为她做事感觉很好。我不想去想我有多久没有这样的感觉了。那时我感觉她更欣赏我。回想起那些时光，我意识到我并不是一个总让妻子失望的男人，她也不是一个总抱怨的妻子。我们可以好好在一起。"

- **芭芭拉**："我感到快乐、怀旧、自豪、苦乐参半，并对我和孩子们在一起的回忆充满感激。我喜欢回忆那些时光，但我想我太怀念它们了，所以我试图把它们忘掉。我如何看待我自己？我爱我的孩子们，他们也有机会欣赏我，我认为我是一个很好的榜样。我向他们展示了如何成为一个成年人——找到一个目标，不遗余力地去追求它，并在做这件事的时候享受乐趣。"

- **科林**："我确实对保罗感到难过，也怀念我们最初在一起时的那种感觉。我为失去这段感情而感到愤怒——不一定是对他或我自己——只是因为这件事发生了。我为自己所承担的责任感到内疚和悲伤。我也很清楚，我希望我们在一起。至于我如何看待我自己，我越来越清楚我的处境是如何对我的自我看法产生负面影响的。知道我能够全心全意地爱一个人，并给予他快乐和愉悦，感觉很好。"

- **达娜**："大多数时候我是开心的，除了想起我的表姐已经去世。当我想到大学里的朋友们，想到我如何成为那个团体的一员，想到他们如何接纳我时，我感到很自信——我太爱他们了！回想那些美好的时光感觉很好。我知道我有很多事情要做，但我觉得我有时会忘记这一点，或者我把我拥有的优势视为理所当然，这让我觉得自己没有那么多优势。"

- **艾莉**："我现在有一些温暖和舒适的感觉。想起孩子们还小的时候，我感到很开心。我也心存感激——上帝让我的生活充满了爱。看看我自己？嗯，至少现在我为自己感到骄傲。我喜欢我能对别人慷慨、充满爱和理解。这给了我很大的满足感。我希望我一直有这种感觉。"

写完答案后,请一边大声朗读一边倾听自己的心声,并让自己沉浸在当时浮现的感受或想法之中。

展望

如果你已经读到这里并完成了所有活动,那么恭喜你。你已经投入了大量的时间和情感能量,这预示着你将成功解决矛盾心理并在生活中向前迈进(如果你是通过略读或跳过活动到达这里的,你仍然可以选择返回并从那里继续前进,如果时机成熟并且似乎有帮助的话)。

最后两章的目的是减少焦虑、回避和自责这三个可怕的因素对你做出的决定以及是否采取行动进行改变的影响。我希望在帮助你之后,减轻你的压力并增加你对他人和自己的接纳和共情。现在是时候直面你的困境了,重新以建设性的方式关注探索你的矛盾心理,以帮助你解决问题并继续前行。

第二篇

你想改变吗？你能改变吗？

序曲一

"改变"的语言

20世纪60年代后期,心理学家达里尔·J.巴姆提出了一个令人惊讶的假设,即我们如何形成自己的态度,以及这些态度如何塑造我们的行为。巴姆声称:我们不会向内看,去发现我们的信仰或我们应该如何行动;我们观察自己的行为,然后根据这些行为告诉我们的关于自己的信息,形成或改变我们的态度。所以你不会因为知道自己喜欢苹果而决定吃苹果;相反,如果你有机会吃苹果,你就会认为自己一定喜欢苹果,否则你为什么要吃苹果呢?

这个想法可能让你觉得很奇怪,我当然不认为它完全概括了人们如何做出决定或选择采取什么行动。然而,贝姆的自我知觉理论[1]有一个核心是真理,这对我们在这里的目的有重要意义。也就是说,我们了解自己的一种方式是关注我们的所作所为,特别是倾听我们谈论自己时说了什么。

几乎每个人都有过这样的经历。你开始和朋友谈论新闻中的话题——政治问题,或者你最喜欢的电视节目中发生的事情。你以为你们只是在聊天……但不知不觉中,你就变得非常激动,让你的朋友和你自己都感到惊讶。当这种情况发生时,你可能会想:"我并没有意识到我对

---

1 Bem, D. J. (1972). Self-perception theory. In L. Berkowitz (Ed.), Advances in experimental social psychology (Vol.6, pp.1-62).New York: Academic Press.

这件事有这么强烈的感受。"或者,你同意做一些你不太确定自己是否喜欢的事情,发现自己玩得很开心(或者很糟糕),然后突然意识到,"嘿,我喜欢(或者,哇哦,我讨厌)这个!"

在你完成本书中的活动时,甚至有可能已经发生过这样的体验。例如,亚力克发现妻子的怀疑和不信任比他意识到的更让他困扰……芭芭拉震惊地意识到她对自己的虐待有多么严厉……科林在回忆几十年前的事件时,对自己强烈的感受感到惊讶……达娜发现就算告诉自己没有决定可做也没有阻止她面对决定……艾莉意识到她是如何拒绝赞美和支持的,即使她希望得到它们。在写出自己的想法的过程中,你也可能已经了解了一些你以前并不了解的关于你自己的事情。

许多咨询方法都认识到邀请人们谈论或写下他们的情况的价值,以帮助他们"大声思考"他们面临的选择。但动机式访谈最创新的一面在于它认识到我们改变的意愿、准备程度和能力,在很大程度上受到我们听到自己对自己和他人说的话的影响,这些话与我们面临的困境有关。当谈到解决矛盾心理时,秘诀是以特定的方式谈论或写下我们试图做出的决定,并以正确的方式倾听自己,这样我们就可以从自己身上学到什么才是对我们最好的。

用"EARS"倾听我们关于改变的对话

当我们谈论或者写出关于改变的可能性时,我们应该谈论些什么呢? 如果我们想摆脱困境,我们应该听什么以及如何倾听?

通过对改变语言的研究,发现了两种互补的对话:改变性对话或支持改变的对话;维持性对话或支持保持现状、"维持"现状的对话。每一种对话又分为两大类:准备性对话和动员性对话。

准备性对话包括以下表达:

- 我想改变("我想减少开支""我希望自己外向")或者我不想改变("我不想多锻炼""我不想只因为更健康而吃无味的食物")。

- 我有能力改变("如果我下定决心,我可以减少拖延""我知道我可以改变我的饮食习惯")或者我没能力改变("我不能戒烟,这太难了","我认为我不可能减肥")。

- 我有理由改变("如果我锻炼身体,我就会有更多的精力""我应该尝试更多的社交,因为我不会感到那么孤独")或者我有理由维持现状("购物是我放松的方式""如果我少喝酒,我会更紧张")。

- 我需要改变("我必须戒烟""如果我不能控制血压,我可能会死")或者我需要维持现状("如果我没有私人时间,我会发疯的""我需要止痛药")。

动员性对话包含以下表达:

- 承诺改变("我要开始对自己好一点""我保证不再欺骗你")或者维持现状("我要继续赌博,没有人可以阻止我""我不会改变我的饮食习惯")。

- 激活改变("我准备开始寻找一份新工作""我愿意尝试控制我的愤怒")或者维持现状("我准备好接受没有亲密关系的生活",我还没有准备好原谅他所做的事)。

- 采取措施进行改变("我开始减少饮酒量""我订购了一台血糖监测仪以便可以检查我的血糖")或者维持现状("我取消了与导师的见面""我扔掉了我的处方")。

准备性对话与动员性对话有什么不同呢?想象一下,你和你的未婚夫站在法官或者神职人员面前,他们转过身来问你:"你愿意让这个人成为你的合法配偶吗?"现在想象一下你的回答是,"我想""我可以""我有充分的理由"或"我需要",你认为这对你的爱人来说会有多大的影响？[1]

当然,除了"我愿意"之外的任何回答都可能给你带来很多麻烦。当你被要求做出承诺时,准备性的谈话是不够的。但你一开始是如何站在那里,准备做出你所爱的人所期待的承诺的？一直以来你们都会对彼此说"我想和你在一起……我们可以做到……我们会很幸福……我必须让你出现在我的生命中……"

虽然动员性对话表达了行动的意愿,但准备性对话则是为做出决定或采取行动做准备的。请记住:自我知觉理论告诉我们,当我们这样说话时,我们不只是在说我们已经知道的事情;同时我们也在聆听自己;当我们聆听自己时,我们实际上是在发现自己的态度和愿望。准备性对话通过塑造或澄清我们对正在处理的问题或情况的态度,帮助我们做好改变或保持不变的决定的准备。

当人们情绪矛盾时,他们的讲话通常混合着改变的准备性对话和保持现状的准备性对话:"我知道我应该这样做[改变性对话],但我担心这会对我产生什么影响[维持现状对话]。我以前从未尝试过这样的事情,它可能会让事情变得更糟[维持现状对话]。另外,我甚至不确定我能否做到[维持现状对话]。但现在是尝试的好时机[改变性对话],当我想到如果事情进展顺利,我感觉多么棒时,我就会兴奋[改变性对话]。不过,我知道一开始会不舒服[维持现状对话],我不知道是否值得这样做[维持现状对话]。但是从长远来看,它可能会让事情变得更好[改变性对话]。"

当你读到这些例子时,你是否感觉自己被拉向一个方向,然后又被拉向另一个方向,最终只能回到原点？当人们陷入矛盾时,他们自言自语,结果往往是一团糟:他们最终陷入了循环。所以我不会邀请你在改

---

1 Moyers, T.(2014). Do you swear? Motivational interviewing training new trainers manual (p.173).

变性对话和维持现状对话之间来回切换,因为你实际上是在轮流说服自己接受和拒绝改变——结果正是你所期望的。相反,我会帮助你将改变性对话与维持现状对话区分开来,并以系统的方式来探索你对改变的想法。

这就是我对这个问题的回答:如果我们想要帮助自己摆脱困境,我们应该谈论什么,应该听些什么。我们应该如何聆听呢?我的答案会集中在自我接纳和自我共情上,这并不奇怪。至关重要的是,当你在考虑矛盾困境时,你在放下评判和控制上做的努力会继续指导你未来的工作。我的目标就是要帮助你带着善意和自我关怀的态度聆听自己,更深入地了解自己的愿望和担忧,重视自己的想法和感受,并相信自己能做出适合自己的决定。

我如何帮到你以这种方式聆听自己呢?我将向你展现如何用"EARS"聆听自己:

- E(Elaborate),通过提供更多描述和细节以及你所写内容的示例来进一步阐述。
- A(Affirm),确认你自己的价值观和目标,以及你自己解决困境的方法。
- R(Reflect),反思你所写的内容,突出那些让你脱颖而出的部分,并更多地思考它们的含义。
- S(Summarize),通过汇集关键的想法和感受来总结你的回答,这样它们就可以引导你朝着最适合你的方向前进。

带着自我接纳的"EARS"聆听自己,不自我批评或者失去耐心,将帮助你以针对性的方式写下你的情况,从而有助于解决矛盾心理。

重要性和信心:先探索哪一个?

直到你意识到改变对你来说很重要,并且你对自己能够成功充满信心,你才会愿意致力于一个明确的方向。动机的每一个维度都需要单独关注,再次评估重要性和信心可以帮助你决定从现在开始哪条路最有用。

首先,让我们来看看五位陪伴者对这些维度新的自我评估以及他们为什么选择这个数值。

表A-1 对改变的重要性的认识和自信心

现在对于我来说,我正在考虑的改变对我有多**重要**?									
1	2	3	4	5	6	7	8	9	10
一点也不重要				中等					非常重要

现在我对于能够做出这个改变有多少**信心**?									
1	2	3	4	5	6	7	8	9	10
没有一点信心				中等					很有信心

亚力克最初给自己改变的重要性打了3分,给信心打了9分,现在则分别打了4分和5分:

"我现在对我老婆没那么生气了。我仍然不喜欢她唠叨,但我更能理解她为什么会这样,她在乎我,在乎我们经过的风风雨雨。我不得不承认,有几件事让我不开心。我仍然认为我的医生做得太过分了,但我的朋友告诉我他有心脏病,确实让我有点震惊。不申请升职——也许我现在不太确定是否想在工作中投入更多的时间,这需要时间。但我还太年轻,不能满足于现状。总而言之,喝酒似乎不是最重要的部分,试图改变这一点会使我的工作生活变得复杂。我不确定我想做些什么，尽管也许还有改进的空间，老实说，做些什么也不是那么容易。"

芭芭拉最初给自己改变的重要性打了5分，给信心打了2分，现在则分别打了6分和4分：

"一想到我要告诉斯蒂夫我想要一些不同的东西，不知道会对他产生怎样的影响，我就感到十分痛苦。我甚至没有让自己去思考我为什么会有这样的感觉。我现在知道这永远行不通。当我想要更多的时候，我无法因为内疚、恐惧和羞愧而和斯蒂夫在一起。但我现在也不能决定离开。我真的不知道我到底怎么了。所以我需要给自己时间去思考为什么我有这些强烈的冲动，以及我有哪些选择。不要给自己施加'压力'，对吧？所以，重要性评估6分，是因为我知道我必须以一种不同于过去的方式去做这个决定。信心评估4分，是因为做这些练习可以帮助我记住我的能力，我想如果我更相信自己一点，我就能找到答案。"

科林最初给自己改变的重要性打了8分，给信心打了7分，现在则分别打了5分和5分：

"也许我想对付我的愤怒，只是因为它让保罗感到不快。但显然，当我开始这样做时，我比我想象的更加矛盾，如果我要改变自己，原因必须来自我自己。我很久以前就学会了这一点，但似乎我需要记住它。所以我必须弄清楚我的感受，为了我们俩的利益。这就是困惑的来源。我不能假装我表达愤怒的方式完全没有问题，但是我不确定它有多糟糕。我知道我不是坏人，我必须能够为自己挺身而出。在我把更多的注意力放在改变自己之前，是时候让我更仔细地审视这一切了。也许如果我确定我想做什么，那么对我来说做这件事就不会那么难了。"

达娜最初给自己改变的重要性打了6分,给信心打了4分,现在则分别打了8分和6分:

> "自从我记事以来,我一直告诉自己要对自己的人生做出成熟的选择。但是,如果这不是你真正想要的,那么做父母和家人认为正确的事情,这是否成熟?我想教书,我应该停止试图说服自己这不是我的感觉,开始认真对待自己。这就是我选择给重要性打8分的原因。我选择给信心打6分,是因为对做冒险的事情仍然有点可怕。我真的不能责怪我的父母;我确实想过他们应该说什么,但我担心如果我做了一些不切实际的事情,事情会变成什么样子,我感到害怕是可以理解的。但我也知道我会很坚强、很稳定,有很多事情要做,这就是为什么我感觉更自信一点。"

艾莉最初给自己改变的重要性打了10分,给信心打了0分,现在则分别打了8分和2分:

> "我永远都不会接纳自己超重的事实。我真正在意的只有我的孩子和丈夫——但减肥绝对是我的下一个目标。如果说我知道如何减肥,那肯定是撒谎,但我确实感觉不一样了,而且我确实意识到了几件事。第一,我对一直照顾每个人感到困惑。当你花一半的时间希望有人能分担工作,而花另一半时间告诉别人你不需要任何帮助时,事情就不对了。也许我不想要帮助,但为什么不呢?第二,我需要停止这种关于节食和饮食的精神折磨。感觉自己很胖、很害羞,而且知道别人可能对你有不好的看法,这已经够糟糕的了。对自己的更多责备只会让事情变得更糟。我必须开始提醒自己关注我身上的优点,就像我在上一章中做的那样。"

重新评估重要性和信心：轮到你了

现在是时候再次用同样的标准给自己打分了。请圈出最能体现你所在位置的数值，即你正在考虑的改变的重要性以及如果你决定这样做，你对成功的信心。根据表2a-1 在你的日记中写下你选择这些数值的原因。

展望

你的下一步会是第四章还是第五章？一般来说，如果你不确定自己是否想要、需要或有充分的理由进行改变，那么最有帮助的方法是先探索改变对你的重要性；如果你对你的决定很确定，但对自己能否成功执行感到悲观，那么最有帮助的方法是先探索或增强你对改变的信心。然而，如果你的信心太低，你可能会怀疑自己是否做出了正确的决定，如果重要性分值太低，这可能会削弱你的信心。我将在接下来的两章中解决这些复杂性，但是现在，以下是我对下一步的建议：

- 重要性为0分？去读第四章。

- 重要性为1~5分？去读第四章（只有当信心为0分时，才去读第五章）。

- 重要性为6~7分？去读第四章（只有当信心为0~2分时，才去读第五章）。

- 重要性为8分？去读第四章（只有当信心为0~4分时，才去读第五章）。

- 重要性为9~10分？去读第五章（只有当信心为7~10分时，才去读第四章）。

根据这些建议,亚力克、芭芭拉、科林和达娜都将直接去读第四章,然后进入第五章;艾莉改变的重要性很高,但改变的信心很低,因此她将首先完成第五章,然后再返回完成第四章。一旦你决定了下一步,我们就继续。

4

探索改变的重要性

　　说到解决矛盾心理,我说过,成功的一半是找到一条利大于弊的道路(另一半是相信你能成功到达你想去的地方——这是第五章的重点)。然而,选择一个方向不是简单地把一系列的利与弊"相加",如果真是这样,那么没有人会在原地停留很长时间。各种优势或劣势可能会或多或少地产生影响,这取决于对你来说最重要的事情以及你在考虑选择时所体验到的感受。有些改变的好处一开始可能并不明显,有时你可能不得不放弃一些东西来追求一条新的未知的道路,这可能会吓得你不敢认真考虑这种可能性。所以,就像我在第一章中写到的,解决矛盾需要剖解你正努力解决的问题中复杂和冲突的想法,同时让你的感受也参与其中,指引你在适合你的方向上做出一个决定,而不是压垮你。

　　为了探索你对改变的重要性的想法和感受,我想让你问问自己,为什么在重要性表格中选择那个数值来表示改变的重要性,而不是一个更低的数值。(如果你选择了2,想想为什么不是0? 如果你选择了5,想想为什么不是1或者2? 如果你选择了8,想想为什么不是3或者4?)但首先,请考虑五位陪伴者的回答吧,如下。

··

为什么我选择了这个数值而不是一个更低的数值?

亚力克

重要性:4分

> 当我们和朋友出去时,我根本不会喝那么多,所以这与我有"饮酒问题"无关。(并不是说我们最近经常见朋友,因为我工作时间太长,这不是很好。)喝酒是我工作的一部分,这让我妻子很烦,我不喜欢我们之间的关系。如果家里不那么紧张的话,我的生活会更轻松。另外,我也不想等到我出了什么事,医生说我必须戒酒。酒精让我放松,我喜欢它。我也不想因为我突然不能陪客户喝酒了,就让我的未来与我擦肩而过。温迪需要理解这一点,且不要试图控制我的决定。

芭芭拉

重要性:6分

> 我需要在我的生活中得到满足。我不能满足于"安于现状"。我必面对挑战。我需要兴奋——当你不确定自己能否处理好某件事,但无论如何都要去做的时候,那种既害怕又兴奋的感觉。但光是写下这些就让我感到害怕和内疚了,要说服自己不放弃是一件很难的事。我已经花了30年的时间致力于照顾我爱的人,而且做得非常出色。我怎么能把这一切抛弃呢?所以对我来说离开很重要,留下也很重要。好吧,我不会说服自己放弃自己的感受。对我来说,真正重要的是认真地关注它们。我不知道自己想要什么,这很不正常,但这就是我的现状,说出这些话是向前迈出的一步。我是一个会提前解决问题的人,所以这就是我现在需要做的。

科林

重要性:5分

> 说实话,我打了 5 分,因为我没有更高的分数了。我不想伤害保罗,我不想失去他。但是这个问题开始与我的其他方面产生冲突。我不想放弃对我来说很重要的东西,比如我的正直,阻止别人欺骗我或不尊重我的能力。我也不想在这段关系中扮演坏人的角色,因为这对我不公平。我不知道这是我的骄傲、我的固执,还是我后天习得的智慧。我只知道,不再那么愿意同意这个想法:"我只需要改变,一切都会好起来的。"反正这对我没什么用。

达娜

重要性:8分

> 我知道我想当老师。我知道当我和孩子们一起工作时,我感觉快乐和充实。我想再次拥有那种感觉,醒来后兴奋地迎接新的一天。我以前在工作中也有这种感觉,但我已经很久没有这种感觉了,而且我很确定如果我继续留在原地,那种感觉就不会回来了。我想我一直觉得我的生活被搁置了,我一直试图说服自己,让它看起来不那么糟糕。但我必须在余生做一些事情,让我感觉我正在改变别人的生活,我知道作为一名教师我可以做到这一点。这并不意味着我仍然不担心冒险,因为我确实在这么做。只是我现在能感觉到这对我有多重要。

艾莉

重要性:8分

> 我的体重几乎给我生活中的方方面面蒙上了一层阴影。试图忽略它,让我内心更加难受。我走进一个房间,第一件事就是看看和我年龄相仿的女性的身材。当周围有食物时,我会非常害羞,尽量不吃,如果我吃了,我就想知道别人是怎么想我的。当吉尔试图表达爱意

> 时,我甚至不想让他碰我。如果我能减肥,我真的觉得自己几乎变成了另一个人。我可以感觉更放松,即使我一个人;我可以为多年来第一次去买衣服而兴奋;我可以期待出席一些活动,而不必担心我穿什么和我的外表;我将能够与家人和朋友交往,而不会感到如此沮丧或紧张。

· ·

现在轮到你了。请问问自己:"为什么我选择这个数值作为改变的重要性,而不是2,3,4或者更低?"也就是说,"是什么让我正在考虑的改变对我而言如此重要?"请在你的日记中写下你的答案。

改变性对话还是维持现状对话?

接下来,我希望你在回答中标记出所有改变性对话和维持现状对话的句子。为了帮助你识别这两种对话类型,下面五位陪伴者的回答供参考,阴影标出的部分是改变性对话,有下划线的是维持现状对话。

· ·

为什么我选择了这个数值而不是一个更低的数值?

亚力克

重要性:4分

> 当我们和朋友出去时,我根本不会喝那么多,所以这与我有"饮酒问题"无关。(并不是说我们最近经常见到朋友,因为我工作时间太长,这不是很好。)喝酒是我工作的一部分,这让我妻子很烦,我不喜欢我们之间的关系。如果家里没有那么多紧张的话,我的生活会更轻松。另外,我也不想等到我出了什么事,医生说我必须戒酒。酒精让我放松,我喜欢它。我也不想因为我突然不能带客户出去喝酒了,就让我的未来与我擦肩而过。温迪需要理解这一点,且不要试图控制我的决定。

芭芭拉

重要性:6分

> 我需要在我的生活中得到满足。我不能满足于"安于现状"。我必须面对挑战。我需要兴奋——当你不确定自己能否处理好某件事,但无论如何都要去做的时候,那种既害怕又兴奋的感觉。但光是写下这些就让我感到害怕和内疚了,那要说服自己不放弃是一件很难的事。我已经花了30年的时间致力于照顾我爱的人,而且做得非常出色。我怎么能把这一切抛弃呢?所以对我来说离开很重要,留下也很重要。好吧,我不会说服自己放弃自己的感受。对我来说,真正重要的是认真地关注它们。我不知道自己想要什么,这很不正常,但这就是我的现状,说出这些话是向前迈出的一步。我是一个会提前解决问题的人,所以这就是我现在需要做的。

科林

重要性:5分

> 说实话,我打了 5 分,因为我没有更高的分数了。我不想伤害保罗,我不想失去他。但是这个问题开始与我的其他方面产生冲突。我不想放弃对我来说很重要的东西,比如我的正直、阻止别人欺骗我或不尊重我的能力。我也不想在这段关系中扮演坏人的角色,因为这对我不公平。我不知道这是我的骄傲、我的固执,还是我后天习得的智慧。我只知道,不再那么愿意同意这个想法:"我只需要改变,一切都会好起来的。"反正这对我没什么用。

达娜

重要性:8分

我知道我想当老师。我知道当我和孩子们一起工作时,我感觉快乐和充实。我想再次拥有那种感觉,醒来后兴奋地迎接新的一天。我以前在工作中也有这种感觉,但我已经很久没有这种感觉了,而且我很确定如果我继续留在原地,那种感觉就不会回来了。我想我一直觉得我的生活被搁置了,我一直试图说服自己,让它看起来不那么糟糕。但我必须在余生做一些事情,让我感觉我正在改变别人的生活,我知道作为一名教师我可以做到这一点。这并不意味着我仍然不担心冒险,因为我确实在这么做。只是我现在能感觉到这对我有多重要。

艾莉

重要性:8分

我的体重几乎给我生活中的方方面面蒙上了一层阴影。试图忽略它,让我内心更加难受。我走进一个房间,第一件事就是看看和我年龄相仿的女性的身材。当周围有食物时,我会非常害羞,尽量不吃,如果我吃了,我就想知道别人是怎么想我的。当吉尔试图表达爱意时,我甚至不想让他碰我。如果我能减肥,我真的觉得自己几乎变成了另一个人。我可以感觉更放松,即使我一个人;我可以为多年来第一次去买衣服而兴奋;我可以期待出席一些活动,而不必担心我穿什么和我的外表;我将能够与家人和朋友交往,而不会感到如此沮丧或紧张。

现在轮到你了,请标记所有改变性对话和维持现状对话的实例。在你的回复中,如果你不确定你写的东西是改变性对话还是维持现状对话,就不要标记;如果你认为可能两者都是,就把它标记为两者。如果你要突出显示(在你的日记上),请使用不同的颜色,这样你就可以很轻松地识别这两种对话。如果你使用铅笔或者钢笔,请圈出改变性对话,给维持现状对话画下划线。

正如这五位陪伴者一样,你的回应很可能既包括改变性对话,也包括维持现状对话。为了帮助你减少犹豫心理,我需要帮助你确定现在应该关注矛盾心理的哪一面。答案就在于改变性对话与维持现状对话之间的平衡。

如果你发现改变性对话比维持现状对话要多,无论这种平衡是重的(像达娜和艾莉的情况)还是轻的(像芭芭拉的情况),请跳到"探索改变的重要性"一节。如果平衡是均匀的,就像亚力克的情况,我也建议你跳到这一节,至少现在跳过(如果它很重要,你可以随时再回来)。但是,如果你发现平衡明显偏向维持现状对话,就像科林的情况,那么请继续阅读"探索维持现状的重要性"一节,我将首先邀请你仔细研究你个人对于保持不变的重要性。还有,如果你发现了很多改变性对话,但仍然觉得花点时间探索你矛盾心理的"现状"这一面是有价值的,当然也欢迎你继续下一节。像往常一样,你最清楚什么对你有帮助。

探索维持现状的重要性

当我邀请你思考为什么你正在考虑的改变对你来说如此重要时,你就会发现自己在思考着你的愿望、理由或不需要改变。为什么呢?

其中一个原因很可能与你的信心关系更大,而不是其重要性。当人们对是否有可能实现目标产生重大怀疑时,这些怀疑会"蔓延",并影响他们对改变重要性的认识。毕竟,正如我在第一章中指出的那样,相信自己有问题但对此无能为力是令人痛苦的,而人们保护自己免受这些痛苦情绪影响的一种方法是尽量减少问题的严重性或改变的需要。

你如何判断这是否是导致你倾向于维持现状的重要因素?想象一下,你已经想出了一个计划,可以实现你正在考虑的改变,并且你百分百确信它会成功。如果你改变的信心分值是10,那么现在做出改变对你来说有多重要(0~10分)？如果你选的数值远远高于你在序曲一结束时选择的数值,那么请暂时停止阅读本章并继续阅读第五章。试图解决你对最佳方向的矛盾心理,同时,也感到自己在浪费时间,因为无论如何你都无法完成它,这很可能会以沮丧和气馁告终。完成旨在增强你对正在考虑的改变的能力的信心的活动后,请返回本章,从下一节"探索改变的重要性"开始。

但是,如果你的关于改变的重要性数值不变,那么原因几乎肯定可以追溯到我在序言中引用的核心见解,也是本书的出发点:你没有做出你一直在考虑的改变是有充分理由的。就像我们在希拉的案例中看到的,当这些原因浮现在你脑海中时,忽略或淡化它们并不能让它们消失;事实上,这可能会让它们更加强烈地显现出来。因此,你对改变的重要性这个问题的回答是一个明确的信号,表明你要认真思考,并尊重你保持现状的理由。

我希望你可以从已经写过的理由开始。请列出你之前回复中提到的每个维持性对话的句子。是否将它们分组、如何分组或者把它们单独列出来,都由你决定;这里没有对与错,你可以在日记中仿照科林的做法(见下文);也可以在日记中使用你自己的组织,重要的是给你维持现状的每个理由做一个有意义的思考。

一旦你列出了你的理由,请问自己关于每个理由的这些问题:

1. 我这样说是什么意思？我如何更全面地描述它？
2. 是什么让这个理由对我来说很重要？如果我忽略它会发生什么？

· ·

维持现状的理由

科林

理由一:我的正直。

1. 我这样说是什么意思？我如何更全面地描述它？

> 当我并不真正认为是错的事情,我不能"承认"它是错的。我想这就是我试图让自己做的,让我的判断被保罗的判断所取代,而不是诚实地审视我一直在做的事情,并做出自己的决定。

2.是什么让这个理由对我来说很重要?如果我忽略它会发生什么?

> 我唯一能掌控的就是我的正直。如果我放弃了做我自己,那么保罗最终会和谁在一起呢?所以,忠于自己不仅是我必须为自己做的事情,也是我为他做的事情。

理由二:有能力不让他人对我产生偏见或者不尊重。

1.我这样说是什么意思?我如何更全面地描述它?

> 很久以前,我决定除了自己之外,不相信任何人会照顾我。我信守了自己的承诺,绝不让任何人强迫我做感觉不对的事情。我学习到生气是一种非常有效的方法。每次我站起来,那些试图利用我的人就会退缩,我就感觉更强大,更有控制力。

2.是什么让这个理由对我来说很重要?如果我忽略它会发生什么?

> 这个世界充满了那些为了得到自己想要的东西而不顾自己要对别人做什么的人。如果有更多像我这样的人,他们就不会那么容易逃脱惩罚了。无视这一点?那会让我成为等待中的受害者。太多人太害怕站出来了,我为他们感到难过。我不会成为他们中的一员,而且我相信我拒绝退缩也有助于保护那些害怕的人。

理由三:我不想在这段关系中扮演坏人,因为这对我来说不公平。

1.我这样说是什么意思?我如何更全面地描述它?

> 我承认我无法完全解释自己的某些行为,但我知道我是个好人,也是一个充满爱的伴侣。以前有很多次机会,我都有权对保罗生气,但是我没有。所以解决方案需要将保罗对问题的那部分贡献也考虑进来,而不仅仅是我的。

2.是什么让这个理由对我来说很重要? 如果我忽略它会发生什么?

> 如果我让自己成为"坏人",保罗又不理解我的感受,我怎么会觉得自己值得被爱呢? 我又怎么能心安理得呢?

∙∙∙

当你考虑不改变的理由时,重要的是要全面考虑,只有这样,你才能有意义地权衡这些理由。现在彻底探索决策平衡的这一方面也很重要,以防止在我邀请你探索改变的理由时出现你忽视的理由或顾虑;我们不想重新创造"我想要—我不想要—我应该—我不应该……"的矛盾循环,你已经有太多这样的经历,并试图摆脱它。

通常,当人们开始探究他们想到的理由时,他们会发现其他理由也开始浮现。你脑海中的"维持现状对话"很可能比你写下来的要多。另一方面,有时直到有人问我们(或我们问自己)"我对此还有什么看法?"其他理由才会浮现在脑海中。

所以,接下来你要做的就是:问问自己,"对我来说,还有什么事情会让我觉得不做改变是正确的决定? 维持现状还有什么好处呢? 如果做出改变,又会有什么坏处? 我还有哪些地方害怕失去或者不得不放弃?"

在你的日记中写下你自己的回答之前,请先考虑一下科林的回答,如下:

更多维持现状的理由

科林

1.对我来说,还有什么事情会让我觉得不做改变是正确的决定? 维持现状还有什么好处呢?

> 保罗和我终于不得不做出一些让步。我们之间的关系紧张已经有一段时间了,虽然写下这些让我感到很难过,但放弃也有可能让我松一口气。也许我们两个都应该找一个更适合的伴侣。开始感觉更像我自己,这让我怀疑放弃不是最好的选择。

2.如果做出改变,又会有什么坏处? 我还有哪些地方害怕失去或者不得不放弃?

> 如果我为了迎合保罗而妥协,我想我可能会失去我的自发性、我的激情——讽刺的是,这些正是他最初被我吸引的原因。我不想处在一段没有激情的恋爱关系中,如果我试图按他的意愿做事,恐怕我们就会走向没有激情的结局。

反思维持现状的重要性

这部分活动的目的是邀请你以一种尊重的态度来探索你维持现状而不是做出改变的原因。请再一次阅读你对这两组问题的回答,并问自己:"我现在处于什么境地? 我对维持现状有何感受?"把你的答案写在你的日记中。但是请先参考科林的反思。

"这些绝望的想法在我脑海里盘旋了很久,我不想都不行。我只是从来没有说出来。但现在看到这些想法白纸黑字地写在那里,我所能想到的就是:什么? 保罗是我生命中最美好的相遇,我想离开他是因为我对他大喊大叫会伤害他,他希望我停止这样做? 我认为很多人除了自己之外不在乎任何人，或者只关心他们如何伤害你，这些想法可能是真的，但我一直表现得像保罗是他们中的一员！这完全没有道理。也许我必须站出来说出一些最极端的话，才能真正知道这不是我真实的感受。也许我只是需要知道我可以说出来，而不是害怕说出来。我现在只知道这不是我想要的。我确实需要能够保持我的正直，我确实需要感觉自己不是一个坏人。但我需要和保罗一起做这些事情，而不是没有他。所以，我现在的想法是：我没有必要改变我到处发怒的方式。保罗也不完美，有时我会对他生气，但不是像我以前那样。"

有时，正如科林的回答所示，反思不改变的理由会引发关于改变的愿望、需求或理由的想法。为了确保能够将任何此类想法包括在内，请在反思中标出任何关于改变性对话的讨论，并将其添加到列表中。

以下是科林的反思，其中加深了改变性对话的部分，如下所示：

"这些绝望的想法在我脑海里盘旋了很久，我不想都不行。我只是从来没有说出来。但现在看到这些想法白纸黑字地写在那里，我所能想到的就是：什么？保罗是我生命中最美好的相遇，我想离开他是因为我对他大喊大叫会伤害他，他希望我停止这样做？我认为很多人除了自己之外不在乎任何人，或者只关心他们如何伤害你，这些想法可能是真的，但我一直表现得像保罗是他们中的一员！这完全没有道理。也许我必须站出来说一些最极端的话，才能真正知道这不是我真实的感受。也许我只是需要知道我可以说出来，而不是害怕说出来。我现在只知道这不是我想要的。我确实需要能够保持我的正直，我确实需要感觉自己不是一个坏人。但我需要和保罗一起做这些事情，而不是没有他。所以，我现在的想法是：我没有必要改变我到处发怒的方式。保罗也不完美，有时我会对他生气，但不是像我以前那样。"

探索改变的重要性

请在本章开头的回复和上一节的反思中列出每个改变性对话的例子(如果你完成了)。如何分组或者单独列出来都取决于你;这里没有正确或错误之分。如果句子的不同部分对你意味着不同的含义,可以拆分句子。如果你想按照这五位陪伴者的方式来准备你的清单(如下所示),你可以用你自己的方式来组织,写在你的日记本上,然后对每一个改变性对话问自己下面两个问题:

1.我这样说是什么意思? 我如何更全面地描述它?

2.是什么让这个理由对我来说很重要? 如果我忽略它会发生什么?

· ·

改变的理由

亚力克

理由一:当我们和朋友出去时,我根本不会喝那么多。

1.我这样说是什么意思? 我如何更全面地描述它?

> 当我和朋友们出去时,我似乎并不觉得有必要喝几杯,而当我和客户出去时则不然。

2.是什么让这个理由对我来说很重要? 如果我忽略它会发生什么?

> 这不是我要减少饮酒的原因,更像是一个有趣的观察。我不确定这意味着什么。

理由二:并不是说我们最近经常见到朋友,因为我工作时间太长,这不是很好。

1.我这样说是什么意思? 我如何更全面地描述它?

> 这些年来，我的工作以外的生活似乎确实减少了，这对我或者我的婚姻来说都不太好。和朋友一起出去玩可以减轻压力，而且我们也有时间一起做一些事情，不用担心账单，也不用照顾筒。在回家的路上，我们会取笑他们疯狂的婚姻，他们可能也会这样嘲笑我们。这一切都很好。

2.是什么让这个理由对我来说很重要？如果我忽略它会发生什么？

> 我想我一直在忽视工作之外的生活。我们在一起并没有多少乐趣。可能我已经忘记了为什么我这么拼命地工作。这让我想知道如果我们开始一起做一些事情，是否能减轻一些压力。我不知道她对此有何感想，但在周末有事情可以期待可能会对我的精神有益。

理由三:喝酒是我工作的一部分,这让我妻子很烦,我不喜欢我们之间的关系。如果家里不那么紧张的话,我的生活会更轻松。

1.我这样说是什么意思？我如何更全面地描述它？

> 我怀念和温迪在一起的美好时光。如果喝酒不是个问题的话，我们的关系可能会变得更好。这就像我们之间的一道裂痕。

2.是什么让这个理由对我来说很重要？如果我忽略它会发生什么？

> 我不喜欢我们彼此之间如此疏远，而且很多时候感觉如此紧张。我一到家，她就开始抱怨我喝酒和晚回家，我回击了她，然后我就自己走了。

理由四:我也不想等到我出了什么事,医生说我必须戒酒。

1.我这样说是什么意思？我如何更全面地描述它？

> 当吉姆说医生让他戒酒时，我看得出他对医生的建议比对心房颤动更害怕。我当然能理解。所以，我觉得减少一点饮酒量并减掉几磅体重是明智之举，这样就不会发生那样的事情了。

2.是什么让这个理由对我来说很重要？如果我忽略它会发生什么？

> 我必须承认，忽视这个警告是非常愚蠢的。只要我认为有意义，做某事就会合乎逻辑。我一直认为人们应该保持某种平衡——你知道，凡事都要适度。我并没有真正注意到事情是如何失去平衡的。

芭芭拉

理由一：我需要在我的生活中得到满足。

1.我这样说是什么意思？我如何更全面地描述它？

> 我觉得这听起来很自私，但我的意思不是自私。我需要做一些对我有意义的事情。作为一名母亲，我很满足，这绝不是一个自私的角色，但孩子们不再需要我参与他们的日常生活。这留下了一个空白，没有什么可以填补它。

2.是什么让这个理由对我来说很重要？如果我忽略它会发生什么？

> 我必须找到一种方法来填补这个空白。忽视这一点会让我感到痛苦和不安，就像我以前一样。现在再也不能忽视这一点了。

理由二：我不能满足于"安于现状"。

1.我这样说是什么意思？我如何更全面地描述它？

> 我一直告诉自己应该努力像我见过的其他女人一样，但这是没有用的。我并不是说那些女人对生活的追求有什么问题，但我不能一直评判自己，说自己想要的太多了。

2.是什么让这个理由对我来说很重要？如果我忽略它会发生什么？

> 我将感觉不到自己还活着。想到这一点，我感觉自己并不像死了一样，而更像变成了一个机器人，不断地重复生活，直到生命的终点。这不适合我。我还没有结束。

理由三：我必面对挑战。

1.我这样说是什么意思？我如何更全面地描述它？

> 正是这种强烈的成就欲望，这种感觉让我觉得自己能有所贡献，促使我不断成长，进一步发展自己的能力。这不是我的自私愿望——至少我现在不这么认为。我不想要更多的东西；我想要更多的生命力。

2.是什么让这个理由对我来说很重要？如果我忽略它会发生什么？

> 这就是我。我无法像我一直试图做的那样让这些感觉消失。

理由四：我需要兴奋——当你不确定自己能否处理好某件事，但无论如何都要去做的时候，那种既害怕又兴奋的感觉。

1.我这样说是什么意思？我如何更全面地描述它？

> 这就是乔约我出去喝咖啡时我的感觉。那感觉，就在那一瞬间，令人非常兴奋，充满了可能性。但如果我让自己停留在那个幻想中，感觉就不好了。当我在现实中想象它时，这种兴奋就消失了。好吧，这是一个认识。我想我可以诚实地说，我不想对另一个男人表现出那种冲动。

2.是什么让这个理由对我来说很重要？如果我忽略它会发生什么？

> 我不能忽视这种对刺激的需求，就像我不能忽视我所描述的其他需求一样。在我看来，它们都是相辅相成的，所以这不是一个选择。但如果我不能从另一个男人身上找到满足感，我就得去别的地方寻找，而我却一无所获。所以这让人松了一口气，但也让人感到不确定和不舒服。

理由五：我不会说服自己放弃自己的感受。对我来说，真正重要的是认真地关注它们。我是一个会提前解决问题的人，所以这就是我现在

需要做的。

1.我这样说是什么意思？我如何更全面地描述它？

> 这是我第一次在这里做这样的事。这是让我感觉很好的部分。

2.是什么让这个理由对我来说很重要？如果我忽略它会发生什么？

> 我一直在忽视这一点。这对我来说毫无意义。

科林

理由一：我不想伤害保罗，我不想失去他。

1.我这样说是什么意思？我如何更全面地描述它？

> 我从来没有想过要伤害他。当我回想起遇见他之前我的生活时，我甚至觉得这一切都不真实。我们相爱的这段经历让我成长得比我想象的还要快。

2.是什么让这个理由对我来说很重要？如果我忽略它会发生什么？

> 失去保罗意味着失去我生命中最重要的人，我不能让这种事情发生。

理由二：保罗是我生命中最美好的相遇，我想离开他是因为我对他大喊大叫会伤害他，他希望我停止这样做？

1.我这样说是什么意思？我如何更全面地描述它？

> 当我写下这些话时，我感觉好像有人又把房间里的灯打开了，而我却让它渐渐暗淡下去。这一切看似复杂，其实从某种意义上讲很简单。如果和我在一起会让他受伤，他为什么要和我在一起？如果我不愿意，真的不愿意，停止做那些伤害他的事情，我会是什么样的人？

2.是什么让这个理由对我来说很重要？如果我忽略它会发生什么？

> 　　知道自己真正想要什么是一件非常清晰的事情。对我来说，忽视这一点，相比背叛保罗，更多的是背叛我自己。

理由三：我一直表现得像保罗是他们中的一员！这完全没有道理。

1.我这样说是什么意思？我如何更全面地描述它？

> 　　一旦我生气，我就会把保罗当成敌人。我只看到一个想伤害我、根本不关心我的人。所以当然感觉我在试图毁了他，因为当我陷入这些情绪中时，我可能就是这样。不能仅仅因为我们在争吵时不能站在同一边，就意味着我必须忘记他是谁，忘记他爱我。

2.是什么让这个理由对我来说很重要？如果我忽略它会发生什么？

> 　　我以前从没有这么想过。这可能是我意识到的最重要的事情，我需要再多想想。

理由四：我确实需要能够保持我的正直，我确实需要感觉自己不是一个坏人。但我需要和保罗一起做这些事情，而不是没有他。有时我会对他生气，但不是像我以前那样。

1.我这样说是什么意思？我如何更全面地描述它？

> 　　我必须想办法让他喜欢我，同时又不失自我。如果我真的生气了，我不能假装没生气。但我必须学会在生气的同时又不让他不知所措。我也必须能够承认我们之间的问题，而不是说"科林很糟糕，现在他感到羞愧"。

2.是什么让这个理由对我来说很重要？如果我忽略它会发生什么？

> 我现在对保罗没有多少回旋余地，所以我必须改变我对他表达愤怒的方式。我还不确定该怎么做。我觉得我一个人做不到。也许这就是问题所在——认为我应该能够做到。我知道我没有回答问题，但这感觉更重要。也许关键在于这是我们之间的问题，我们解决这个问题的唯一方法就是一起解决。这值得我们多加思考。

达娜

理由一：我知道我想当老师。我知道当我和孩子们一起工作时，我感觉快乐和充实。

1.我这样说是什么意思？我如何更全面地描述它？

> 其实在大学里，我告诉自己不要再花时间想办法和孩子们相处，我知道这是真的，因为这比任何事情都让我快乐。我只是不想让自己知道我知道这一点。

2.是什么让这个理由对我来说很重要？如果我忽略它会发生什么？

> 这就是我一直在做的事情：忽略它。但即使我努力尝试，也无法真正让它消失。现在我不想余生都在做让我不开心的事情。

理由二：我想再次拥有那种感觉，醒来后兴奋地迎接新的一天。我已经很久没有这种感觉了，而且我很确定如果我继续留在原地，那种感觉就不会回来了。

1.我这样说是什么意思？我如何更全面地描述它？

> 我通常是一个热情洋溢的人，每天都充满希望。我刚开始工作时就有这种感觉，因为赚钱和承担责任让我很兴奋。现在，我在工作中再也找不到这种感觉了，但当我想到教书时，我确实有这种感觉。

2.是什么让这个理由对我来说很重要？如果我忽略它会发生什么？

我其实也一直在试图"忽视"这种感觉的缺失，告诉自己没有一份工作能一直令人满意，我必须对生活保持现实态度。但这也没有起到什么作用。强迫自己一天天地努力，试图把又酸又苦的柠檬变成又甜又好喝的柠檬汁，即使这样也不能改变我的感受。

理由三：我一直觉得我的生活被搁置了。

1. 我这样说是什么意思？我如何更全面地描述它？

我感觉自己一直在等待事情好转。对我来说，重要的是，我没有在工作变得无聊时就开始寻找出路。我也没有抱怨。我尽我所能向他们展示我是一个有价值的、聪明的、有上进心的员工，但他们仍然把我当成跑腿的。我试图通过关注工作的积极方面来改变自己的态度，但这也没用。这份工作真的没有什么未来了。

2. 是什么让这个理由对我来说很重要？如果我忽略它会发生什么？

我只能每天辛苦工作，越来越不开心。这听起来确实不太有吸引力。我觉得这实际上会毁了我的生活。

理由四：我必须用我的生命做一些事情，让我感觉我正在改变别人的生活，我知道作为一名教师我可以做到这一点。我现在能感觉到这对我有多重要。

1. 我这样说是什么意思？我如何更全面地描述它？

我有点不好意思写下这些，但我相信我可能有一种使命感，那就是帮助改善儿童的生活。我看到其他这样做的人，心中充满了钦佩。这些人是我想要效仿的人：弗雷德·罗杰斯、玛丽亚·蒙特梭利。我不想把我的一生都用在赚钱上，而这些钱只对我和我的家人有益。我并不是说我必须成为教育界中的大咖，我只是觉得我可以做出一些独特的贡献。

2. 是什么让这个理由对我来说很重要？如果我忽略它会发生什么？

如果50年后我拥有了很多东西，却没有对孩子的生活产生影响，我想我会对自己生气。我总是想知道我的生活会是什么样子，因为我知道我可能亏待了自己，也亏待了我本可以帮助的孩子。我还担心，如果上帝给了我这个使命，而我却忽视了它，我会在上帝眼中感到内疚。

艾莉

理由一：我的体重几乎给我生活中的方方面面蒙上了一层阴影。

1. 我这样说是什么意思？我如何更全面地描述它？

我一直很在意体重，但自从我变胖以来，这个问题就一直萦绕在我的脑海里，拖累着我。

2. 是什么让这个理由对我来说很重要？如果我忽略它会发生什么？

我实在厌倦了这种感觉。

理由二：我走进一个房间，第一件事就是看看和我年龄相仿的女性的身材。

1. 我这样说是什么意思？我如何更全面地描述它？

我是想看看有没有人的大腿和我一样粗。如果有人的大腿比我的细，我就会羡慕不已，想躲起来。

2.是什么让这个理由对我来说很重要？如果我忽略它会发生什么？

> 我讨厌这些感觉，它们让我对自己感觉很糟糕。

理由三：当周围有食物时，我会非常害羞，尽量不吃，如果我吃了，我就想知道别人是怎么想我的。

1.我这样说是什么意思？我如何更全面地描述它？

> 我觉得她们在想"难怪她长成那个样子"。

2.是什么让这个理由对我来说很重要？如果我忽略它会发生什么？

> 这让我很紧张，我根本无法享受其中。也许这就是我为什么一直待在厨房里，不让任何人帮忙。

理由四：当吉尔试图表达爱意时，我甚至不想让他碰我。

1.我这样说是什么意思？我如何更全面地描述它？

> 我唯一能想到的就是，我太令人厌恶了——他怎么能忍受碰我？

2.是什么让这个理由对我来说很重要？如果我忽略它会发生什么？

> 我觉得这让他感受到被拒绝。他不值得被这样对待。

理由五：如果我能减肥，我真的觉得自己几乎变成了另一个人。

1.我这样说是什么意思？我如何更全面地描述它？

> 我会对自己感到满意，对自己的形象感到满意。我年轻的时候也经常有这种感觉。我记不太清了。

2.是什么让这个理由对我来说很重要？如果我忽略它会发生什么？

> 我想看看没有这些感觉困扰，我的生活会是什么样子。

理由六：我可以感觉更放松，即使我一个人。

1.我这样说是什么意思？我如何更全面地描述它？

> 我头脑的一部分在不断地斗争:我是否应该尝试控制自己的体重,以及如果尝试的话,我该怎么做?

2.是什么让这个理由对我来说很重要? 如果我忽略它会发生什么?

> 这太累人了,我已经厌倦了。

理由七:我可以为多年来第一次去买衣服而兴奋。

1.我这样说是什么意思? 我如何更全面地描述它?

> 以前做这件事很有趣,我甚至会和女朋友一起去,现在就像一场噩梦。

2.是什么让这个理由对我来说很重要? 如果我忽略它会发生什么?

> 我怀念以前的试穿以及喜欢看到试穿之后的样子。

理由八:我可以期待出席一些活动,而不必担心我穿什么和我的外表;我将能够与家人和朋友交往,而不会感到如此沮丧或紧张。

1.我这样说是什么意思? 我如何更全面地描述它?

> 这样的生活让我付出了很大的代价,它夺走了我生活中的许多快乐。

2.是什么让这个理由对我来说很重要? 如果我忽略它会发生什么?

> 试图忽略这个问题让我的内心感觉更加糟糕。

• •

通常,当人们探索他们所相信或者感觉到的最初原因时,他们会发现其他原因也开始浮现。因此,你脑海中可能已经有更多"改变性对话",比你写下来的还要多。另一方面,有时直到有人问我们(或我们问自己)"你对此还有什么看法?"时,才会想到其他原因。

因此,下一步是大声朗读你在上一项活动中写下的所有内容——你列出的改变性对话和你对它们的阐述——并在朗读时倾听自己。然后问自己"还有什么让我觉得做出改变是一个正确的决定?改变还有什么其他好处?我对现状还有什么担忧?维持现状还有哪些不利之处?"

在你的日记中写下你的问题之前,请先参考你的五位陪伴者对这些问题的回答(如下所示)。

• •

更多改变的理由

亚力克

1.还有什么让我觉得做出改变是一个正确的决定?改变还有什么其他好处?

> 我注意到了一些小事,比如早上没有以前那么有活力了。我不知道饮酒对此有多大影响,但是如果前一天晚上没有喝那么多酒,我可能会感觉好一点。真的不能指望能做到我 20 多岁时能做到的事。如果白天能感觉更清醒就好了。

2.我对现状还有什么担忧?维持现状还有哪些不利之处?

> 维持现状的话,我看不到我和温迪之间的关系会好转。说实话,有些晚上我回家晚了,因为我知道回家后会听到什么,我不想陷入恶性循环。情况似乎只会越来越糟,我不想去想那意味着什么。

芭芭拉

1.还有什么让我觉得做出改变是一个正确的决定?改变还有什么其他好处?

> 我将不再生活在这种不确定的状态中。现在我不再试图忽视自己的感受或想要的东西,感觉很好,尽管不知道未来会发生什么也令人害怕。我仍然不知道自己要如何处理这一切,但关注它并知道我要做些什么让我感到宽慰。这样我感觉更像我自己了,所以我一定是走在正确的道路上。

2.我对现状还有什么担忧? 维持现状还有哪些不利之处?

> 我想我要么会失去理智,要么会毁掉我的婚姻,或许两者兼而有之。斯蒂夫虽然心不在焉,但我想他也感觉到了这一点。我知道他不想让我不开心,但我认为他无法真正帮助我摆脱这种情况。我认为这取决于我自己。因此,面对这些决定而不是说服自己放弃这些决定虽然很可怕,但当我想到什么都不做时,就更可怕了。

科林

1.还有什么让我觉得做出改变是一个正确的决定? 改变还有什么其他好处?

> 最主要的是要重新找回我们以前的感觉,以及在我们的关系开始变坏之前我们在一起时的感觉。

2.我对现状还有什么担忧? 维持现状还有哪些不利之处?

> 如果我们分手了,我也不确定我是否愿意冒险和他人认真交往。我不知道我是否还能再信任对方。所以如果我展望未来,我可以看到自己孤身一人,画面凄凉。

达娜

1.还有什么让我觉得做出改变是一个正确的决定? 改变还有什么其他好处?

> 我想这会让我和朋友们重新建立联系。我想我一直在躲着他们，因为他们都对自己的事业充满热情，而我对我的事业却感觉很糟糕——和他们在一起很难。如果我去尝试的话，我知道她们会支持我，不像我的家人，所以能够重新和他们在一起肯定很有趣。

2.我对现状还有什么担忧？维持现状还有哪些不利之处？

> 我可能会开始变得苦涩或者愤世嫉俗，在我工作的地方，很容易陷入琐碎的事情和办公室八卦中。不满意加上身处这种我不太适应的环境，只会增加消极情绪。我担心如果我继续待在那里，我不会喜欢现在的自己。

艾莉

1.还有什么让我觉得做出改变是一个正确的决定？改变还有什么其他好处？

> 感觉如果我不尝试，我就是在放弃自己。减肥会给我更多的能量。我甚至可能会和我的丈夫和孩子第一次尝试一些事情，比如跳舞、打网球或者其他活动。

2.我对现状还有什么担忧？保持现状还有哪些不利之处？

> 我担心如果我不做出一些改变，我的生活会变得更加糟糕，而不是一成不变。我可能会变得更胖，可能会出现健康问题，甚至可能会患上严重的抑郁症。这对我的家人来说真的很糟糕，而不仅仅是我自己。

反思改变的重要性

我现在想请你反思一下你在本章中所做的所有活动。为什么在重要性上选择这个数值？请再次朗读你对这个问题的最初回答以及进一步的阐述。如果你完成了"探索维持现状的重要性"这一节，请按照你写下来的顺序再次朗读你对这些问题的回答（即首先是维持现状的重要性的探索，然后是改变的重要性的探索）。你现在对做出改变有什么感觉？在你的日记中写下你的答案，但首先请参考你的五位陪伴者的反思。

- **亚力克**："当我想到所有的事情都应该适中时，做出一些改变的想法似乎并不那么糟糕。不知何故，这变成了全有或全无，这就是我们陷入困境的地方。之前，我在想如果我在外面和客户在一起时跟他们说话会变得很奇怪，但如果我不得不说'我什么都不要，我辞职了'，那就更奇怪了。这是一个清醒的想法（哈哈）。如果第二天我能变得更敏锐一点，那就更好了。但不仅仅是饮酒，没有时间在一起才是让温迪不开心的原因。所以，我能想办法在不影响生意的情况下和她多相处一段时间，我们就可以开始回到更好的轨道上。我从来不想让我的生活只有工作没有娱乐。"

- **芭芭拉**："我一直在想，要么我必须压抑自己的感觉，要么任由它们把我推向我还没有准备好的事情。如果我发现自己真正想要的就是乔所提供的东西，而我必须离开斯蒂夫，这让我后怕。现在我让自己想象了这一切，我很确定那种兴奋感不是我想要的。我仍然不知道这对我的婚姻和未来意味着什么，但知道虽然我需要改变一些东西，但这不是那种改变，这让我感觉很好。所以我确实感觉更像是我坐在驾驶座上。但这是自从我儿子出生之后，我第一次没有路线图，GPS也出故障了。"

- **科林**："我感觉自己好像被绑在一根巨大的橡皮筋上，被拉到极限，直到弹回原位。我感觉自己好了一些。我希望保罗可以理解，如果这意味着所有不好的事情都是我的错，那么我无法承担责任并努力改正自己。我想如果他看到我明白我的愤怒对他有多大的伤害，并且我能向他表明我正在了解自己，尤其是当我生气时如何把他变成我的敌人，他会接受这一点。所以这是我充满希望的一面。然而，另一面仍然存在。保持我的正直，但不伤害保罗，用不同的方式表达我的愤怒——听起来不错，但我不知道是否可行。我想我们两个都必须努力，我不知道他有多愿意。"

- 达娜："我想开始认真研究研究生课程，而不仅仅是浏览它们。当然，我们一写完，一个小小的声音就会说：'你要做什么？'但现在我有了答案——这可能有风险，但当你对自己所做的事情不满意时，考虑做能让你快乐的事情并不疯狂。生活中没有保证，除非你找到一个安全的地方并留在那里，即使你很痛苦！注定痛苦——我不想这样。所以，我有点兴奋，但仍然紧张，尤其是当我想到我的家人会有什么反应时。我知道他们希望我得到最好的，所以他们不会对我发火。实际上，我并不确切知道我害怕他们什么。"

- 艾莉："这似乎是一件不用想的事情。我必须面对需要做的事情。为了让自己满意，我不想放弃。我绝对不想让我的情绪和身体状况变得更糟。我也不想让我的家人失望。"

用耳朵聆听之后重新评估重要性

我希望通过完成本章中的活动，你能更清晰地认识改变的原因（以及与之相关的感受），并重视它们对你的重要性——这样一来，你对正确方向的认识就会更加清晰。为了帮助你了解这种情况发生的程度，我希望你再次评估一下做出改变的重要性。

表 4-1　改变的重要性

做出我正在考虑的改变对我现在来说有多重要？

0	1	2	3	4	5	6	7	8	9	10
一点也不重要					中等					非常重要

不过，首先请看一下你的同伴的评分以及他们选择该数字的原因。

亚力克最初给重要性打了 3 分，后来上升到 4 分，现在他打了 6 分。

"我可以说，我以前是弱 4 分，现在是强 6 分。现在，在我看来，减少饮酒是两害相权取其轻。我不能说减少饮酒是一件非常重要的事情，但我觉得我应该这样做。如果你要我为腾出更多时间陪妻子和女儿以缓解紧张和压力而打分，我可能会说 7 分或 8 分。"

芭芭拉最初给重要性打了 5 分，后来升至 6 分，现在她打了 7 分。

"7 分表示确信某事将会发生改变，但尚不知道改变的内容。"

科林最初给重要性打了 8 分，后来降到了 5 分，现在又打了 8 分。

"本章开头我的分数是个假 5 分。我不想让它更低，因为我一直在尝试各种方法来控制我的愤怒，并告诉自己我真的想这样做。我并没有想要承认我有多么矛盾（好吧，我开始买账'矛盾'这个概念了），部分原因是这很尴尬，但也因为我害怕如果我承认了，我实际上是在承认我和保罗在一起是没有希望的，因为我心中的怨恨太多。现在的 8 分是真正的 8 分，不是作秀。我不能失去他。"

达娜最初给重要性打了 6 分，后来上升到 8 分，现在又打了 9 分。

"我迫不及待了。我把这和我感觉有多自信区分开来——我明白你为什么要我这么做,因为我仍然怀疑自己是否有勇气坚持到底,但我对自己想要什么以及这对我有多重要毫不怀疑。"

艾莉最初给重要性打了10,后来降到了8分,现在她又打了**9分**。

"9分是对我生命中最重要东西的评分——我的家人的数字。我想,在仔细考虑了所有这些之后,我意识到它们之间有着非常密切的联系。我对自己的满意对吉尔甚至对我的孩子都很重要,而我自己的满意也对我很重要。我觉得我需要为我们所有人这样做。"

现在是时候再次用同样的标准给自己打分了。请使用表4-1中的评分标准圈出最能体现你目前所处位置的数字,即你一直在考虑的改变的重要性,然后在日记中写下你对选择该数字的原因的想法。

展望

如果你像艾莉一样,在读完本章之前已经完成了第五章的内容。那么请继续阅读第六章。如果你像其他几位陪伴者一样,还没有完成第五章,那么是时候更仔细地探索"成功的另一半"了,即你对改变或维持现状的信心。如果你在此时发现你对改变或维持现状的重要性(或确定性)尚未达到让你摆脱困境的程度,请不要气馁;在第六章中,我们将拓宽视野,更多地了解你的内在和外在生活,并帮助你将困境置于更广阔的背景之下。对于许多人来说,他们需要采取额外的步骤来转向平衡,以解决矛盾心理。

5

探索改变的信心

　　当说到解决矛盾心理,成功的一半在于树立信心,相信自己能够成功到达目的地。(这场战斗的另一半——找到一条利大于弊的道路——是第四章的重点。)如果没有这种信心,人们就没有动力投入精力与努力去实现改变,哪怕他们对自己选择的方向很有信心。

　　心理学家阿尔伯特·班杜拉(Albert Bandura)创造了"自我效能(self-efficacy[1])"一词来描述一个人对成功完成某项行动的期望。他的研究表明,我们所有人都对自己的能力抱有一套信念,这些信念与我们实际的能力一样,对我们成功或失败的可能性产生影响。

　　班杜拉的研究还揭示了是什么创造并塑造了这些信念。对信心最有力的积极影响就是"掌控感"。也就是,在我们面对已知会考验我们的情况时,通过努力和坚持,成功应对了这一挑战。自然,下次我们就会更有信心来面对和处理类似的情况。我们不一定每次都能把这种信心成功转移到其他情况上,尽管它们表面上看起来可能不同,但我们利用掌握先前情况的品质和能力,也可以成功应对。建立这些联系是增强我们处理新挑战的信心的一种方法。

　　另一个影响我们信心的因素是,当我们没有成功时,我们如何解释它。如果我们告诉自己,我们失败是因为我们缺乏某种内在能力,而且我们无法获得它,我们的"自我效能感"就会受到打击。如果得出结论,我们失败是因为我们不愿意全力以赴,或者因为我们没有所需的工具或

---

1 Bandura,A.(1997).Self-efficacy: The exercise of control.New York: Freeman.

资源，我们更有可能将结果视为一个挫折，我们可以通过更多的努力、知识、技能或者帮助来克服。想想一个在考试中得到糟糕成绩的学生或一个受到评论家批评的厨师。认为"我很笨"的学生或者认为"我就不是这块料"的厨师可能会放弃，但是认为"我努力得不够"的学生可能会在下次加倍努力，而认为"我需要一个帮厨帮我准备食材，我才能专心做饭"的厨师可能会对将餐馆水平提升到一个新的高度充满希望。

鼓励与挫伤也会影响我们的信心。有趣的是，通过消极的沟通降低自我效能感比通过积极的沟通提升自我效能感要容易得多。因此，尽管有人为你加油打气有时会有所帮助，但更重要的是，要避开那些倾向于告诉你为什么你不能做某事或对你所做的事情持悲观态度的人。

本章的活动旨在提高你对确定改变方向后成功前进的能力的信心。首先，我希望你关注一下你在重要性和信心表格中回答的数值，你对改变的信心有几分，并问问自己为什么选择这个数值而不是一个更低的数值。（如果你选择了2，为什么不选0？如果你选择了5，为什么不是1或者2？如果你选择了8，为什么不是3或者4？）然后，在你写下想到的第一件事后，想想你选择这个数值的其他原因，越多越好。

你的五位陪伴者对这些问题的回答如下。

• •

为什么我选择这个数值而不是一个更低的数值？

亚力克

信心：5分

> 减少饮酒似乎并不是一件难事。我承认它不是很容易，但是我是一个严格自律的人，而且我一生中肯定做过更难的事情。还有什么原因呢？如果需要尽早停止喝一两杯来让家里的情况变得更好，我想这是我可以做到的。不过，我不那么期待。

芭芭拉

信心:4分

我觉得自己有能力在不进行如此严厉的自我评判的情况下看待事情。我能够记住自己真正的优势所在。现在我在必须改变某些事情上更坚定了决心,我也觉得自己更有掌控力,虽然我还不知道自己需要做什么。为什么?因为我过去总能把事情做好,我对自己的信心又回来了。

科林

信心:5分

为自己做出这个选择,我不再感到压力和怨恨,而是更愿意去尝试。我不认为我能做得完美,但我会全力以赴。想起我多么不想失去他,让我更加坚定了决心。还有什么让我更有信心?我知道我希望有机会向他证明,他最初爱上我是对的。

达娜

信心:6分

我是一个坚强而情绪稳定的人,做了很多负责任的事情。这很可怕,但我有能力应对财务挑战。还有什么呢?我确信,如果有机会,我可以把工作做得很好。我不能预知未来,但是到目前为止,我在应对生活挑战时表现得相当不错。还有什么?因为我是一个努力工作、坚持不懈的人,我知道我会全力以赴。

艾莉

信心:2分

> 说实话，我只是想抓住感觉好一点的这一丝希望。但如果我真的考虑另一种饮食，这似乎毫无意义。我不想责怪自己，但一个人能经历多少次这样的事情呢？

现在轮到你了，请问问自己："为什么你选择这个数值，而不是比这个数值低2分、3分或者4分呢？"也就是说"是什么让我现在如此自信，如果我知道哪个选择适合我，我就能做出决定？"然后问自己："我为什么还要选择这个数值？"并重复这个过程，直到你想不出其他任何理由。（如果你选择0分或者1分，并且很难想出任何有信心的理由，不要担心——本章就是为你量身定制的。）把你的答案写在日记中。

改变性对话还是维持现状对话？

接下来，我想邀请你在你的回答中标记出所有的改变性对话（自信的表达或者相信你可以成功）和所有的维持现状对话（自我怀疑的表达或者害怕你会失败）。为了帮你辨识这两种对话类型，请参考你的五位陪伴者的回答，其中，阴影标出的部分为改变性对话，下划线部分为维持现状对话，如下所示。

为什么我选择这个数值而不是一个更低的数值？

亚力克

信心：5分

> 减少饮酒似乎并不是一件难事。我承认它不是很容易，但是我是一个严格自律的人，而且我一生中肯定做过更难的事情。还有什么原因呢？如果需要尽早停止喝一两杯来让家里的情况变得更好，我想这是我可以做到的。不过，我不那么期待。

芭芭拉

信心:4分

> 我觉得自己有能力在不进行如此严厉的自我评判的情况下看待事情。我能够记住自己真正的优势所在。现在我在必须改变某些事情上更坚定了决心,我也觉得自己更有掌控力,虽然我还不知道自己需要做什么。为什么?因为我过去总能把事情做好,我对自己的信心又回来了。

科林

信心:5分

> 为自己做出这个选择,我不再感到压力和怨恨,而是更愿意去尝试。我不认为我能做得完美,但我会全力以赴。想起我多么不想失去他,让我更加坚定了决心。还有什么让我更有信心?我知道我希望有机会向他证明,他最初爱上我是对的。

达娜

信心:6分

> 我是一个坚强而情绪稳定的人,做了很多负责任的事情。这很可怕,但我有能力应对财务挑战。还有什么呢?我确信,如果有机会,我可以把工作做得很好。我不能预知未来,但是到目前为止,我在应对生活挑战时表现得相当不错。还有什么?因为我是一个努力工作、坚持不懈的人,我知道我会全力以赴。

艾莉

信心:2分

> 说实话,我只是想抓住感觉好一点的这一丝希望。但如果我真的考虑另一种饮食,这似乎毫无意义。我不想责怪自己,但一个人能经历多少次这样的事情呢?

现在轮到你了。请在你的回答中标注出改变性对话和维持现状对话的例句。如果你不确定写出来的东西是改变性对话还是维持现状对话，就不要标记；如果你认为可能是两者兼而有之，那么就做两个标记。如果你要突出显示，请使用不同的颜色做标记，这样你就可以轻松识别这两种对话了。如果你使用的是铅笔或者钢笔，圈出改变性对话，并在维持现状对话下划线。

就像你的五位陪伴者一样，你的回答可能包含改变性对话和维持现状对话。这不奇怪；还没有遇到挑战，你对成功有些不确定是正常的。如果你在回答中发现至少有一些改变性对话，请跳过"探索改变的自信心"一节。但是，如果你的回答和艾莉一样悲观或者专注于失败，那么请继续阅读"你对改变的悲观态度"一节。

你对改变的悲观态度

在你知道自己要完成什么目标时，你有哪些可以利用的优势和资源？当我邀请你思考这个问题时，你会发现自己在思考"我无力改变"。

发生这种情况的原因之一实际上与重要性有关，而不是与信心有关。当一个人对采取某种行动有重大疑虑时，这些疑虑可能会"蔓延"并影响信心。毕竟，有一件事可以增强我们的信心，那就是知道改变的好处远远超过成本，无论事情变得多么困难，我们都愿意坚持下去，并将实现改变作为首要任务。

几年前，和我一起参加治疗小组的萨拉告诉小组成员，她想结束这段婚姻已经有好几年了。她的丈夫越来越沉迷于自己的爱好，感情上也越来越疏远；他们的性生活早在几年前就结束了。她想尽一切办法从他那里找出到底发生了什么变化，但没有成功，而他坚决拒绝接受夫妻咨询。她怀疑他有外遇，但没有发现任何迹象，她认为他更有可能只是对她失去了兴趣。虽然她有意要离开这段关系，但她一直没有勇气和办法去做。

小组成员给予了鼓励和实际支持,她感激地接受了这些,但这对她的信心没有任何明显的影响。虽然她明确表达了自己想要什么并寻求帮助,但当我让她多说一些想要离开的原因时,她一开始谈到了婚姻中的不幸,但后来开始谈论丈夫对她的意义。她告诉我们,她生长于一个忽视她和情感贫瘠的家庭,在很年轻的时候就离家和他在一起了。他是她唯一觉得关心她的人。她觉得他拯救了她,在接下来的几年里,她第一次学习去信任另一个人。当她回想起那段时光时,她对他的感激之情更加深了。

当萨拉回忆起他们婚姻最初几年的往事时,我大声问道,如果她最终离开了他,她会有什么感觉。她说:"就像一个不知感恩的孩子",然后停顿了一下,说"我想自从我开始考虑分居以来,我就一直有这种感觉。"不知何故,当我让她想象这个场景,她不再有这种感觉时,她立即回答说:"那就没有什么能阻止我了。"每个人都很清楚,包括莎拉自己,她对自己是否有能力离开他并独立生活缺乏信心,这与她对决定的这些不言而喻的保留态度有关。

因此,假设你百分之百地确信这个决定对你来说是正确的以及你想要实现什么,完全没有怀疑,你有多大信心(0~10分)可以立即做出改变?如果这个数值很明显高于你在序曲一结尾所选择的数值,请返回第四章,完成那里旨在帮助你探索你正在考虑的改变的重要性的活动后,再回到这一章来,从下一节"探索改变的自信心"开始。(如果你的自信心显著提高,而且也完成了第四章的活动,请继续第六章;在第六章你可以获得更多帮助,坚定你未来要走的方向和决心。)

如果像艾莉一样,你的自信心指数保持不变,那么很可能是你在很长一段时间内反复尝试改变自己的行为或处境却没有成功,这让你感到沮丧。也许这不是唯一的默默感到难以实现的改变。也许你从别人(包括你生命中一些重要的人)那里收到的信息中,被误导相信你没有能力让自己变得更好。

无论你感到绝望的原因是什么,我相信你都有可能改变,无论你是谁,无论你如何看待自己。我的信心来自我曾帮助过很多人,他们来找我时也同样对自己改善处境的能力感到绝望,但最终他们都能在自己身上找到改变所需要的东西。

有一位特别的咨客给我留下了深刻的印象:唐纳德,一位来寻求帮助戒除毒瘾的中年男子。在我们第一次面谈中,他告诉我,他十几岁时就开始喝酒,后来又经常使用大麻等药物,因为他想用这些来安慰自己,在充满孤独和被忽视的青春期。他讲述了在过去的两年里,他如何戒掉除大麻以外的一切——现在他一直在滥用这种药品。虽然他反复努力,但是他不仅感到无助,而且无法想象没有这种药品的生活,这不像他用过的其他物质。

面谈几个月后,唐纳德戒掉了这种药品,没有再吸食其他药品。我将在第三部分继续唐纳德的故事,届时我们将重点讨论制订切实有效的改变计划。但我现在提到他是为了给你希望,指出你和他的共同点。尽管你对自己解决矛盾心理的能力有着强烈而令人信服的怀疑,但你并没有放弃——你一直在寻找那个能帮助你克服障碍的人或事。现在我想让你问自己的问题是:"为什么我还没有放弃?是什么给了我力量,让我在看似势不可挡的困难面前继续努力?"但首先请考虑一下艾莉对这些问题的回答,如下所示。

为什么我没有放弃?

艾莉

> 因为我不想觉得自己是个失败者。我不想接受我必须这样活着直到死去。我内心深处相信我应该对自己感到满意,尽管这么说有点可笑,但我值得拥有这种感觉。也许是因为我知道自己有时候比自认为的要坚强。

现在轮到你了,在日记中写下你的答案。如果你的回答和艾莉一样,包含对自己改变能力的积极想法,请标出这些改变性对话的句子,就像下面艾莉所做的。

• •

为什么我没有放弃?

艾莉

> 因为我不想觉得自己是个失败者。我不想接受我必须这样活着直到死去。我内心深处相信我应该对自己感到满意,尽管这么说有点可笑,但我值得拥有这种感觉。也许是因为我知道自己有时候比自认为的要坚强。

• •

探索改变的自信心

请列出你在本章开头的回答中的改变性对话和你对问题"为什么你没有放弃"的回答中的改变性对话,如果你已经完成的话。你如何分组或者单独列出来都取决于你,这里没有对与错。如果句子的不同部分对你有不同的含义,那么拆分句子是可以的。如果你想要按照这五位陪伴者的方式来做,如下所示,或者以你喜欢的任何方式写在你的日记里。然后对每一个改变性对话问自己以下这些问题:

1.我这样说是什么意思?我如何更全面地描述它?

2.这说明我有能力完成艰难的改变吗?

• •

我改变的能力

亚力克

改变性对话1:减少饮酒似乎并不是一件难事。我一生中肯定做过更难的事情。

1.我这样说是什么意思？我如何更全面地描述它？

> 我在大学时是田径队的队员,那些人都爱喝酒。但当我们训练时,我们必须戒酒,我们做到了。减肥对我来说更困难,因为我们吃的是垃圾食品,但我也做到了。我不会让自己或团队失望。

2.这说明我有能力完成艰难的改变吗？

> 如果我非常想要某样东西,我会为它做出牺牲。

改变性对话2:我是一个严格自律的人。

1.我这样说是什么意思？我如何更全面地描述它？

> 如果我不能集中精力完成任务,我就不可能取得现在的成就。

2.这说明我有能力完成艰难的改变吗？

> 如果我决定这样做,我就能成功。

改变性对话3:如果需要尽早停止喝一两杯来让家里的情况变得更好,我想这是我可以做到的。

1.我这样说是什么意思？我如何更全面地描述它？

> 也许我从这件事中得到的比我需要的还多。也许这更多的是关于不屈服,而不是它会如何影响工作。

2.这说明我有能力完成艰难的改变吗？

> 当我这样说的时候,这听起来不是什么大事。不过,我不知道这对温迪来说是否足够。

芭芭拉

改变性对话 1：我觉得自己有能力在不进行如此严厉的自我评判的情况下看待事情。

1.我这样说是什么意思？我如何更全面地描述它？

> 对自己太苛刻让我无法理清思绪。所以我正在剥夺自己最大的财富。

2.这说明我有能力完成艰难的改变吗？

> 现在我可以理清所有这些不同的感受，我应该能够理解它们了。

改变性对话 2：我能够记住自己真正的优势所在。我过去总能把事情做好，我对自己的信心又回来了。

1.我这样说是什么意思？我如何更全面地描述它？

> 我非常擅长观察情况，分析需要什么，制订计划并执行。记住这一点让我感觉没那么不知所措，即使我还没有一个答案。

2.这说明我有能力完成艰难的改变吗？

> 它告诉我我不必那么害怕。如果我依靠自己的优势，我就能处理好这件事。

改变性对话 3：我在必须改变某些事情上更坚定了决心，我也觉得自己更有掌控力。

1.我这样说是什么意思？我如何更全面地描述它？

> 我感到失控，因为无论我如何努力说服自己，这些感觉都不会消失。

2.这说明我有能力完成艰难的改变吗？

> 试图说服自己我可以接受我无法接受的事情并不能解决任何问题。正面应对才能解决问题，我希望如此。

科林

改变性对话1：为自己做出这个选择，我不再感到压力和怨恨，而是更愿意去尝试。

1.我这样说是什么意思？我如何更全面地描述它？

> 我现在明白为什么我这么难抑制自己的愤怒了：我心不在焉。

2.这说明我有能力完成艰难的改变吗？

> 只有全心全意地去做，我才能做到这一点。如果我真的愿意，我应该能找到办法。

改变性对话2：我会全力以赴。

1.我这样说是什么意思？我如何更全面地描述它？

> 对我来说，成为那种愿意为他人做出让步的人很重要。"要么接受我，要么离开我"是行不通的，但"你们都错了，我都是对的"也不可行。有些事情，我们双方都需要努力。

2.这说明我有能力完成艰难的改变吗？

> 只要我不是孤单一人，也不要求我完美无缺，我想我就能找到办法。

改变性对话3：想起我多么不想失去他，让我更加坚定了决心。

1.我这样说是什么意思？我如何更全面地描述它？

> 我太专注于如何处理我的愤怒，以至于我不再思考它为什么重要。

2.这说明我有能力完成艰难的改变吗?

> 把保罗对我的重要性放在首位应该会给我动力去做对我来说很难的事情。

改变性对话4:我希望有机会向他证明,他最初爱上我是对的。

1.我这样说是什么意思?我如何更全面地描述它?

> 我不喜欢保罗现在对我的评价比我们第一次在一起时低。我希望他能再次看到我的独特之处。

2.这说明我有能力完成艰难的改变吗?

> 骄傲这种情绪总是被人诟病,但它可以激励你。虽然它不是很重要,但我想它确实存在。

达娜

改变性对话1:我是一个坚强而情绪稳定的人。我在应对生活挑战时表现得相当不错。

1.我这样说是什么意思?我如何更全面地描述它?

> 我在思考我一生中不得不面对的一些事情。能够应对很多压力是我的天赋,它帮助我度过了艰难的时期。

2.这说明我有能力完成艰难的改变吗?

> 无论我这样做会面临多大的动荡,我知道我都能应付。

改变性对话2:我做了很多负责任的事情。

1.我这样说是什么意思?我如何更全面地描述它?

> 我并不是冲动的人。我三思而后行,考虑后果,做任何事之前都要考虑别人的需求。

2.这说明我有能力完成艰难的改变吗?

> 如果我决定这样做,那将是一个负责任的决定。知道这一点让我感觉不那么害怕了。

改变性对话3:我有能力应对财务挑战。

1.我这样说是什么意思? 我如何更全面地描述它?

> 我知道如何在没有奢侈品的情况下生活,并依靠现有的东西度日。

2.这说明我有能力完成艰难的改变吗?

> 如果我又去做学生了,我还是需要这个技能。我能做到。

改变性对话4:如果有机会,我可以把工作做得很好。

1.我这样说是什么意思? 我如何更全面地描述它?

> 这就是我之前说过的——我知道我具备成为一名好教师的条件,有能力和热情。

2.这说明我有能力完成艰难的改变吗?

> 热爱你所做的事情会增加你成功的机会。

改变性对话5:我是一个努力工作、坚持不懈的人,我知道我会全力以赴。

1.我这样说是什么意思? 我如何更全面地描述它?

> 当事情变得艰难时,我会更加努力。我从未放弃过任何我想要的东西,即使我感到害怕。这又有什么不同呢?

2.这说明我有能力完成艰难的改变吗?

> 当我想着"我干着一份我不喜欢的工作都能干得这么好",那么"我干一份我热爱的工作,怎么会干不好呢?"

艾莉

改变性对话1:我不想接受我必须这样活着直到死去。

1.我这样说是什么意思? 我如何更全面地描述它?

> 想到自己整个成年生活都在担心自己的体重,我就感到很生气。太荒废光阴了!

2.这说明我有能力完成艰难的改变吗?

> 我永远不会真正接受自己变胖的事实。所以,我要么找到办法解决这个问题,要么继续让自己痛苦。

改变性对话2:我内心深处相信我应该对自己感到满意。我值得拥有这种感觉。

1.我这样说是什么意思? 我如何更全面地描述它?

> 这是我通常不允许自己考虑的事情。也许是因为我不想因为别人没有帮助我而生气。这完全不公平,因为即使他们想帮我,我也不会让他们帮我。

2.这说明我有能力完成艰难的改变吗?

> 我可能不得不让别人帮我。这让人感到不舒服。尽管我总是告诉与我合作的客户,寻求帮助没有什么可耻的,因为每个人都有需要帮助的时候。

改变性对话3:我知道自己有时候比自认为的要坚强。

1.我这样说是什么意思? 我如何更全面地描述它?

> 照顾家人和帮助他人体现了力量,尤其是当他们受伤并需要支持时。努力工作而不抱怨也同样重要。

2.这说明我有能力完成艰难的改变吗?

> 我必须记住这一点。如果我想永久减肥,就需要尽我所能。

• •

从过去的成功经验中建立自信

我在本章开头指出,人们常常会忽略解决困境的强大信心来源:过去处理其他挑战时取得的成功。因为那些情况似乎与你正在处理的情况大不相同,所以你可能没有想到。那些在当时发挥了重要作用的品质和优势现在也可以帮助你,只要你有足够的意识去利用它们。

因此,我希望你描述一下过去你克服艰巨挑战的情况,然后问问自己以下问题:

1.我的哪些优势或品质使我有可能取得成功? 对我的成功最重要的贡献是什么?

2.这些优势或品质如何适用于我现在面临的困境? 如果我认为改变对我来说是正确的决定,我该如何利用它们来改变我目前的处境?

在日记中写下你的答案之前,请先参考你的五位陪伴者的回答,如下所示。

• •

我克服的一个艰巨挑战

亚力克

我曾克服的挑战是:

> 谈及我跑步的日子：我和伙伴们一起跑步，突然听到"啪"的一声响，接着是一阵剧痛。我的腿筋撕裂了，我感觉我的腿受伤了。这是一次完全断裂，需要手术和六个月的恢复以及物理治疗。

1.我的哪些优势或品质使我有可能取得成功？对我的成功最重要的贡献是什么？

> 最重要的是，我想你会称之为决心，或者可能是固执己见。当我问外科医生我的腿还能恢复得像手术之前一样好吗，他说，"有可能"，好像他不是故意的。我对自己发誓："这不是有可能，它正在发生。"我每天像疯了一样工作。我不得不忍受很多痛苦。但最困难的部分可能是不要推进得太快而再次伤害自己。耐心从来都不是我的强项，但我必须学会多一些耐心。

2.这些优势或品质如何适用于我现在面临的困境？我该如何利用它们来改变我目前的处境？

> 我想，我这一生从来没有像渴望能够再次跑步那样渴望过什么，而我做到了。所以我开始明白这在这里是如何适用的。我有多想和妻子一起过上美好的生活？如果我足够渴望，我就会自律到足以减少饮酒和忍受一些不舒服的感觉。另外，这不会在一夜之间发生，所以我必须耐心等待，我们才能回到更好的轨道上。

芭芭拉

我曾克服的挑战是：

> 几年前，我婆婆摔倒后回来和我们住在一起。她很可爱，但她爱挑剔和苛刻的性格却被放大了十倍，我成了第一个被批评的对象。我不想做任何会对我们的关系有负面影响的事情，而这对我来说是一个相当大的挑战。当时两个孩子还在家，斯蒂夫每天工作时间很长。她和我们一起住了三个星期，但感觉时间更长。

1.我的哪些优势或品质使我有可能取得成功？对我的成功最重要的贡献是什么？

> 我提醒自己，这是我自愿的。我提出这个要求是因为我喜欢她，想做一个好儿媳。当我牢记这一点时，我更容易接受她的评论。我还保持我的幽默感。我记得当时我女儿说她觉得我能把情绪不好的奶奶逗笑真是太酷了。斯蒂夫是唯一一个知道这有多难的人，他真的很感激我对她如此慷慨。

2.这些优势或品质如何适用于我现在面临的困境？我该如何利用它们来改变我目前的处境？

> 专注于做出选择可能会有所帮助。被所有的情绪和担忧所左右的感觉很可怕。感受不是我选择的，但是我对这些感受做什么是可以选择的——这让我感觉更理智。我也许能够退一步，在这场闹剧中找到一些幽默。没有什么比在某种情况下发现一些荒谬之处甚至自嘲更能减轻我的压力了。也许我需要和我妹妹出去玩一晚，只是为了互相开怀大笑。

科林

我曾克服的挑战是：

> 当我还在艺术学校上学时，我有机会去巴黎留学。不幸的是，我没有钱，也不会说法语，所以我只能利用一个夏天的时间挣到足够多的钱，学会法语，这样才勉强过得去。我利用每一分钟的空闲时间和每一分创造力来实现这个目标。我打两份工，把所有的空余时间都用在学习法语上。我去了法国，这是我一生中最美好的经历之一。

1.我的哪些优势或品质使我有可能取得成功？对我的成功最重要的贡献是什么？

> 很显然，是决心，还有创造力。我不可能从教科书中学到我所做的事情。我把家里每件物品的说明都贴上法语标签，听我熟悉的法语歌曲录音。我也用法语录制我自己的歌，看带字幕的法国电影……你也可以称之为独创性。

2.这些优势或品质如何适用于我现在面临的困境？我该如何利用它们来改变我目前的处境？

> 我已经知道了决心，但我还没有想过在这种情况下创造力的重要性。我一直做的就是标准的愤怒管理，我还从来没有想过可以创造性地想出新方法来处理我对保罗的感受。我喜欢这一点。

达娜

我曾克服的挑战是：

> 高中最后一年的物理对我来说非常难。我知道我想在班上取得比C更高的成绩，但我就是得不到，我也不知道该怎么办。

1.我的哪些优势或品质使我有可能取得成功？对我的成功最重要的贡献是什么？

> 我很害羞，但是我还是鼓足勇气放学之后去见老师。起初我很害怕他，不敢问问题，因为害怕显得很蠢，但我还是继续与他见面，我得到了一位导师。我努力学习，当我在期中考试中得到 B- 时，我问老师我是否可以获得额外的学分。他让每个人都这样做，我发现其他人也在努力。我加入了一个学习小组，做了额外的学分作业，最终在班上获得了 A-。

2.这些优势或品质如何适用于我现在面临的困境？我该如何利用它们来改变我目前的处境？

如果我决定重返校园，就需要依靠自己的勇气，即使是和家人交谈时也是如此。我现在比以前更会寻求帮助了；我认识到这是必要的，不仅仅是对我而言。我一直在考虑寻求经济援助，并了解研究生是如何管理财务的。愿意付出额外的努力绝对是我需要具备的品质，如果允许的话，也许甚至可以找一份兼职工作。

艾莉

我曾克服的挑战是：

当我的妹妹结婚时，我因为要坐飞机去参加婚礼而感到恐慌。我从来从没有坐过飞机。我想租辆车开车过去！我们俩的工作都抽不出时间开车往返。我不能错过我妹妹的婚礼，所以我知道我必须克服它。

1.什么对我的成功贡献最大？哪些优势或品质使之成为可能？

主要是吉尔的支持和鼓励帮助我做到了这一点。他告诉我要了解飞机的工作原理以及飞行实际上有多安全。他花了很多时间倾听我的恐惧，并在整个过程中从字面上和象征意义上握着我的手。我对我妹妹的爱也很关键。我知道如果我没有到场，她会有多么伤心和失望，我是不会那样对她的。如果我错过了，我会后悔一辈子。即使如此，我还是不得不鼓足勇气去登上那架飞机。

2.这些优势或品质如何适用于我现在面临的困境？我该如何利用它们来改变我目前的处境？

> 当我需要帮助时,信任吉尔会给予帮助,这曾经是一种优势。但我觉得在体重问题上,我已经拒绝了他。也许我需要重新考虑一下。为了我爱的人,我愿意克服不适,这也是一种优势。不过,尽管我从未屈服于因为找不到任何看起来不像帐篷的衣服而错过活动的诱惑,但一旦到了那里,我确实很难放松下来。所以提醒自己,对自己的体重感觉良好,也许会让我更有趣,这可能会给我更多的动力。当然,我需要鼓起全部勇气再试一次。

在用耳朵聆听之后重新评估信心

请大声朗读你对最后两项活动的回答:你在本章开头列出来的改变性对话和你对它们的阐述以及你对克服的艰巨挑战的回忆。

本章的活动是否有助于你增强你对自己改变能力的信心? 如果你很确定自己想要做出的改变,现在你有多大信心能够做到?

表 5-1　评估做出改变的信心

我现在有多大信心能做出这个改变?

0	1	2	3	4	5	6	7	8	9	10
没有一点信心					中等信心				非常有信心	

这里是五位陪伴者的评分以及他们选择这个数值的理由。

亚力克最初给自己的信心打了9分,后来下降到4分,现在给自己打了7分:

> "当你还不确定你是否想要做某事时,很难说你知道自己能做得到,对吧? 当我开始考虑如何才能减少饮酒量时,很明显,如果我决定这样做,这是可行的。但是我还是需要观察逐渐减少饮酒和早

点回家是不是有效果,以及这是否足以让我和温迪重新站在同
一边。"

芭芭拉最初给自己的信心打了2分,后来提高到4分,现在给自己打
了6分:

"我越了解自己的力量和个性,就越充满希望。我不仅需要放
松自己,而且还需要给自己的生活增添一些轻松的气氛。我会找到
自己的出路,不必惊慌失措。"

科林最初给自己的信心打了7分,后来降到了5分,现在给自己打
了7分:

"我一直都用同样的眼光来看待这种情况,但突然间情况就不
一样了。我为能想出创造性的解决方案而感到兴奋。"

达娜最初给自己的信心打了4分,后来提高到6分,现在给自己打
了8分:

"我根本没有必要一直怀疑我的判断,因为我知道我做出了正
确的决定。我不再感到担心和害怕;更多的是紧张,让我走出我的
安全世界去做我想做的事情,并向我的父母解释这件事。"

艾莉最初给自己的信心打了0分,后来提高到2分,现在给自己打
了4分:

"我开始想,我一直在徒劳地减肥(而不是为了阻止我吃东西,
哈!)。我并不总是愿意让吉尔帮助我。我忘了他是那么支持我,他
的支持是那么的重要。就这个问题而言,我没有给他应得的荣誉,

也没有给我自己。当涉及对我如此重要的事情，并且实际上损害了我与家人共度时光的质量时，我需要寻求帮助。"

现在是时候再次用同样的标准给自己打分了。请使用表5-1的评分表，你对正在考虑的改变有多少信心？圈出最能代表你信心的数值，然后把你选择这个数值的原因写在你的日记上。

展望

如果你跟艾莉一样，在完成第四章之前就完成了本章，那么请你返回第四章，探索改变的重要性。如果你已经完成了第四章，那么接下来请进入第六章，我们将重点关注你的个人价值观在帮助你摆脱困境方面的作用。但是，我希望你完成另一项与改变信心相关的活动，种下一颗种子，当你准备好为决定做出的任何改变做规划时，我们将进一步培育这颗种子。

想一想你现在对改变的信心有几分，问问自己你还需要什么才能更有信心。（如果你现在的信心水平在2分，什么可以帮你达到4分或5分？如果你现在的信心水平在4分，什么可以帮你达到6分或7分？如果你现在的信心水平在7分，什么可以帮你达到8分或9分？）什么会影响你对追求自己选择的道路的感觉？

在你的日记中写下你的回答之前，请先考虑一下你的五位陪伴者的回答（如下所示）。

••

我需要什么才能更自信？

亚力克

信心：7分

我还不知道我考虑做出的改变是否足以改善我和温迪之间的关系。如果这些改变有效，他们会感觉更重要，也会让我更有决心坚持下去。我想，如果我尝试一下，看看这对她是否有影响，甚至对我早上的精力水平是否有影响，我就能知道结果如何。也许我想先和她谈谈，看看她是否同意，评估一下是否值得付出努力去做。

芭芭拉

信心：6分

我必须有一个更加清晰的方向。我感觉自己需要更多帮助，但我还是不知道在不离开斯蒂夫的情况下，我能够做些什么来让我的生活重新充满挑战和激情。也许我需要花点时间独处，这样感觉更像我自己，或者跟我的妹妹谈谈我的想法，看看她是否能帮我。

科林

信心：7分

当我向保罗讲述我的想法时，我很担心他会有什么反应。他很清楚地表示，我有责任控制自己的愤怒。如果我试图跟他解释为什么我需他帮助让我感觉自己不是个坏人，并告诉我什么样的表达愤怒的方式是可以被接纳的，我不知道他会如何看待我。如果他能理解并愿意支持我改变的话，我会更有信心去做这件事。

达娜

信心：8分

想要信心十足，我可能必须开始收集不同项目的详细信息、申请要求、截止日期以及花费等。我必须开始缩小我的选择范围，找出我必须采取的步骤。我还需要想一想我该如何向父母透露这个消息，我要对他们说什么，以及在哪里说，什么时间说。哇，我好像很认真了。

艾莉

信息：4分

> 我还有很长的路要走，才能真正对减肥充满信心。我必须有一个我相信的减肥计划，而我现在还远远没有达到这个目标。但你没有问我什么能让我达到 10 分，对吧？所以，为了更有信心一点，我想我必须跟吉尔谈谈，也许可以试探一下，看看他的反应，虽然我还不确定我是否已经准备好那样做。

你需要什么以及如何获得

和你的同伴一样，许多人发现，只有当他们开始做出行动来改变，并且看见进步时，他们对最终成功的信心才会达到顶峰。当然，制订一个你认为可行的改变计划，并做好将其付诸行动的准备必须放在首位。制订改变计划的一部分就是想想如何找到你需要的帮助。所有这些都是说，一旦你准备好前进，我们将把你对实施改变所需条件的理解当成帮助你实现改变的起点。但是现在，还有最后一步来加强你对未来道路的信念。

6

探索个人价值观

我的合著者邦妮在大学时第一次抽烟。起初只是在聚会或与朋友出去玩时抽烟。然而，随着时间的推移，最初抽烟只是对社交活动的小小补充，后来却成为她依赖的减压方式。虽然她没有成为一个"重度"烟瘾者，但当生活变得艰难时，抽烟就成为放松的方式。当情况平静下来时，她会一次戒烟长达一年，原因显而易见：健康风险、一包烟的成本，甚至衣服上的气味。然而，当需要那个"特别的朋友"时，她总会恢复正常吸烟。

随着她从20多岁走向30多岁，烟越来越成为她生命中不可或缺的部分，时间一天天过去，她不再有"该戒烟了"的熟悉感觉。相反，她隐约感觉到吸烟正以一种前所未有的方式控制着她。她把这种感觉抛在脑后，告诉自己，她会知道什么时候才是合适的时机。她还试图不去注意自己抽烟的次数比以往任何时候都多。

后来她成功戒烟的一个动机在当时（20世纪80年代末）并不存在，因为可以不受干扰地吸烟的地方越来越少。那时，邦妮可以在她工作的大学咨询中心无忧无虑地抽烟；在会议上，她和中心主任会摆出各自的烟盒和烟灰缸，一边用笔做笔记，一边抽烟，交替进行。

在咨询中心工作的最初几个月里，邦妮非常依赖中心的行政助理凯莉。凯莉聪明、高效、自信、善于社交，有着很强的道德准则，并坚定不移地遵守这些准则，能够以惊人的准确性预测周围人的需求，凯莉对中心来说不可或缺。她也成了邦妮亲密而无话不谈的朋友。

　　一天下午,凯莉走进邦妮的办公室,关上了门。她眼睛里含着泪水说,她的母亲被诊断出患有癌症,生存的希望很渺茫。她带着沮丧与痛苦的情绪讲述了她母亲对烟的热爱,以及她母亲如何拒绝凯莉对她戒烟的恳求。

　　在接下来的日子里,邦妮看着凯莉就像往常一样来上班,但悲伤的气氛却随着时间的流逝而日益浓烈。凯莉时不时会来到邦妮的办公室,关上门,谈论她母亲的治疗情况以及失去母亲的前景。邦妮不可能在谈话期间点上一支烟,因为她很同情凯莉的挣扎。但出于对凯莉和她家人处境的同情,邦妮感到内心开始有所改变。她开始感激自己身体健康,为自己的好运感到谦卑,同时,她也觉得吸烟是不对的——如此轻率地对待自己的健康,对于不如她健康的人来说,是一种侮辱。她对自己生命的价值,甚至生命本身的价值有了更深的认识,最终她意识到自己不仅想戒烟,而且必须戒烟。

　　当邦妮告诉凯莉她的决定,并说这是出于对凯莉和她妈妈的尊重时,她可以看出凯莉是多么感动。不久之后,她就戒烟了。这比过去更难;对尼古丁的渴望非常强烈,几乎在任何情况下,她都认为抽根烟会好起来。但她内心深处知道,这一次她要彻底戒烟了。25年多后,邦妮仍然是一名前吸烟者。

价值观:改变的引擎

　　价值观是我们对自己应该如何生活的信念,以及对自己想要成为什么样的人的渴望。我们的价值观塑造了我们对他人行为以及我们自己行为的态度和选择;它们是指导我们决定某种行为是对是错,或我们所遇到的情况是可取还是不可取的原则。

　　人们所持有的许多价值观都来自他们成长的家庭、文化和宗教传统。有些人接受并保留了这些代代相传的价值观,其他人可能会有意探索、重新制订,有时甚至用自己选择的价值观取代这些价值观。很多人

发现,他们的价值观是逐渐改变的,随着生活经历让他们对真正重要的
事情做出新的判断,他们的价值观会逐渐改变。

价值观不同于我们的目标,我们的目标可以通过努力实现,一旦实
现,就不再直接影响我们的选择了,而我们的价值观却从未真正"实现"。
如果我的目标是获得一份特定的工作,那么一旦我被录用,这个目标就
会让位于一个新的目标——也许做得足够好,可以获得晋升,或者成为
一名有价值的员工。但是,当我们说"好吧,现在我说实话——这已经完
成了"时,这是没有意义的。活出或践行我们的个人价值观是一个终生
的过程,我们永远无法完美,尤其是当我们的价值观发生变化时,我们发
现自己正在按照这一过程中出现的新原则和优先事项行事时。

价值观可以指导我们关于改变的决定

邦妮的故事说明了为什么关注个人价值观是解决矛盾心理的核心。
当人们的核心价值观,即关于做一个好人和过上好生活的最基本、最根
深蒂固的信念,被放在首位时,他们看待自己所处境况和自己在其中的
地位的方式可能会突然转变,而这反过来又可以引发解决改变的矛盾心
理,甚至是一个长期存在的矛盾心理。对生命的敬重以及对生命馈赠的
感恩是邦妮性格的一部分。然而,直到她面对朋友失去她最珍贵的东西
的痛苦,并发现自己因继续吸烟而成为他们痛苦的根源时,吸烟的"好"
与"不太好"之间的平衡才被彻底打破。

邦妮的突然改变正好也凸显了一个事实,即价值观并不是影响我们
做出选择的唯一因素。抽烟与邦妮的核心价值观不一致,但继续吸烟对
她来说是一条阻力最小的道路,而且在没有任何事物将这些价值观带到
她脑海中的情况下,吸烟带来的日常好处足以让她继续吸烟,尽管这种
行为会带来不适。

倾听自己对自己的理解也对邦妮的故事产生了影响。我们可能不

是很清楚自己的价值观到底是什么,或者它们对自己意味着什么,直到我们把它们用语言表达出来。或者,也可以这样解释:在某种程度上,我们听到自己说话时,就会知道我们重视什么。通过与凯莉对话,邦妮发现了对她来说最重要的事情。

冲突的价值观会让我们陷入困境

我还想说一个观点,关于价值观是如何塑造我们的态度和行为的。一位名叫约翰的客户在一次价值探索活动中领悟到了这一点,这次活动与我将在本章中指导你完成的活动非常相似。

和邦妮一样,约翰也是一名烟民,他表达了长期未实现的戒烟愿望。当被问及他为什么想戒烟时,约翰强调说,作为一名呼吸治疗师,他经常帮助病人戒烟,而自己却戒不了烟,他觉得自己的这种行为很虚伪。由于他在其他方面非常专注于保持健康的生活方式,有意识地以符合自己价值观的方式行事,并且对自己的行为严加约束。因此,尽管多次尝试,他仍然无法戒掉烟,这让他感到很困惑(和尴尬)。

约翰将健康("身体健康")、激情("充满兴奋与刺激的生活")和真实("忠于自我")视为他的核心价值观。当被问及这些价值观对他意味着什么时,约翰首先谈到了他对身体护理的高度重视。这超出了他对健康的基本关注;约翰认真对待信仰中将身体视为圣殿的命令,他相信尊重身体不仅可以增加他长寿和充满活力的机会,而且还可以尊重他的创造者。

直到约翰开始关注自己对刺激的重视,他才意识到吸烟的不协调性。他说,年轻时,照顾好自己的健康让他能够通过参加极限运动将身体推向极限,这让他感到活力十足,充满激情。随着年龄的增长和生活越来越稳定,他发现获得这种体验的机会越来越少。

就在约翰说着他的生活方式改变了的时候,他突然想到,吸烟也许是他在其他方面井然有序、负责任的生活中，仍能经常体验到做一些冒险的事情，甚至冒着生命危险的唯一方式。分享了这个认识后，约翰沉默地坐了一会儿，然后平静地继续说："难怪我一直戒不掉呢。"

约翰的价值观探索结果说明了一个人为什么会陷在矛盾心理中，因为在不知不觉中，他的价值观告诉他要改变的行为正是他的价值观告诉他要继续的行为。作为人类，最困难的方面之一是我们拥有很多价值观，其中一些可能会发生冲突。多数情况下，我们将这些价值观分为不同的层次，或按重要性排序。例如，虽然我重视获胜，但我更重视诚实，因此我就可以抑制打牌作弊的诱惑，而不必为可能输牌而后悔。但是我们中的有些人，比如约翰，感觉到两个核心价值观之间存在冲突，忽视其中任何一个都会产生一种违背我们自己原则的感觉，就约翰的例子而言，这个原则就是真实性这个核心价值观。

心理学家米尔顿·罗基奇(Milton Rokeach)研究了价值观和行为之间的关系[1]，他把这些冲突下产生的感受以及我们并未充分按照自己的意愿践行价值观的认识称为"自我不满"，并指出它之所以如此困扰我们，是因为它威胁到了我们对自己的积极总体看法——自尊的需求以及控制自己行为的愿望。通过本章的练习活动，我将帮助你通过倾听自己识别核心价值观、描述它们对你独特的意义并分辨它们对你面临的选择的影响，将你的核心价值观应用于你一直在努力解决的困境。我还将帮助你认识到你的挣扎是否因核心价值观之间的冲突而变得更加艰难，如果是这样，我们就来谈谈如何同时尊重这两种价值观，而不是在它们之间做出选择。

---

1 Rokeach, M.(1973).*The nature of human values.*New York：Free Press.

辨识并探索你的价值观

对你重要的价值观是什么?

在表6-1中,你将看到一个价值观列表,每一个都有简短定义,改编自威廉·米勒及其同事[1]设计的列表"我的个人价值观"。阅读这个表格并圈出每个对你来说很重要的价值观的名字。只选择那些对你来说真正重要的价值观,而不是你或者他人认为你应该重视的价值观(但你不重视)。选多少没有"对"与"错",所以不要担心你圈得太多或者太少。我在最下面留了一些空白,以便你添加我未列出的任何你持有的价值观。

表6-1　我的个人价值观

接纳	**成就**
接纳真实的我	取得重大成就
钦佩	**冒险**
被人仰望和尊重	获得新的和令人兴奋的体验
有魅力	**真实**
外表有吸引力	忠于自我
权威	**自主**
负责和对他人负责	决定自己的行为
美丽	**归属**
欣赏身边的美	感觉自己是某个事物的一部分
关心	**挑战**
照顾他人	承担困难的任务和问题

---

1 Miller, W.R., C'de Baca, J., Matthews, D.B., & Wilbourne, P.L.(2001). *Personal values card sort*.Albuquerque: University of New Mexico.

续表

舒服 过上愉快且舒服的日子	**承诺** 全身心投入某件事并坚持下去
同情 感受并关心他人	**自信** 对自己很肯定并且确定自己能成功
贡献 为世界增添某物	**合作** 和他人一起很好地工作
创造性 有独到的想法,并创造新事物	**可靠性** 可以依靠,值得信赖
职责 履行职责和义务	**生态** 爱护环境
刺激 过着充满刺激的生活	**名声** 得到人们的认可和了解
家人 拥有一个幸福、充满爱的家庭	**健身** 身体健康强壮
宽恕 原谅与被原谅	**友谊** 拥有亲密、支持的朋友
乐趣 玩耍和玩乐	**慷慨** 将我拥有的东西给予他人
上帝的旨意 寻求并服从上帝的旨意	**成长** 不断变化和成长
健康 身体健康	**乐于助人** 帮助他人
诚实 诚实守信	**希望** 保持乐观积极的态度
谦逊 谦虚、谦卑	**幽默** 看到生活中有趣的一面
独立 不依赖他人	**内在平和** 拥有个人的平静
正义 提倡公平和平等地对待所有人	**知识** 学习并增加有价值的知识
休闲 有时间并花时间放松	**爱** 给予和接受爱
忠诚 忠实守信	**节制** 避免过度并找到中间立场

不墨守成规	**开放**
质疑和挑战权威与规范	对新事物和新体验持开放态度
秩序	**激情**
生活有序,井井有条	感受强烈并热情地生活
快乐	**受欢迎**
享受感觉良好	受到很多人的喜爱
权利	**目标**
控制他人并执行自己的意志	生活有意义且有方向
理性	**尊重**
以理性和逻辑为指导	被当作有价值的人对待
责任	**风险**
做出并执行负责任的决定	敢于冒险,把握机会
浪漫	**安全**
在我的生活中拥有强烈、激动人心的爱情	安全无虞
自我接纳	**自律**
如我所是,接纳真实的自己	让我的行为自律
自尊	**无私**
自我感觉良好	先人后己
自我认知	**性欲**
对自己有深入、诚实的了解	拥有积极且令人满意的性生活
简单	**技能**
以最少的需求简单地生活	让我熟练而精湛
独处	**灵性**
有时间和空间远离他人	在精神上生活和成长
稳定	**宽容**
过上始终如一的生活	接纳和尊重那些和我不同的人
传统	**美德**
遵循过去受人尊敬的模式	过上道德纯洁的生活
财富	**工作**
拥有足够多的钱	努力出色地完成人生任务
其他价值观	**其他价值观**
———	———
———	———
———	———

大多数人都圈出了列表中的很多价值观。亚力克圈了37个,芭芭拉圈了42个,科林圈了32个,达娜圈了39个,艾莉圈了35个。这是很典型的:很多事情对我们来说都很重要,当我们在面对日常选择时感到被拉向多个方向时,就会敏锐地意识到这种情况。

●●

五位陪伴者的价值观

亚力克

接纳,成就,钦佩,冒险,真实,自主,关心,挑战,舒服,承诺,自信,可靠性,家人,健身,宽恕,友谊,乐趣,慷慨,健康,乐于助人,诚实,希望,幽默,独立,休闲,爱,忠诚,节制,快乐,尊重,责任,自我接纳,自律,自尊,技能,成功,工作

芭芭拉

接纳,成就,冒险,真实,自主,归属,关心,挑战,承诺,同情,自信,贡献,可靠性,生态,刺激,家人,友谊,慷慨,成长,健康,乐于助人,诚实,希望,谦逊,幽默,内在平和,知识,爱,开放,激情,目标,尊重,责任,风险,浪漫,自尊,自我认知,无私,性欲,灵性,宽容,工作

科林

接纳,钦佩,有魅力,真实,自主,关心,舒服,同情,自信,贡献,创造性,可靠性,健身,宽恕,慷慨,健康,诚实,休闲,爱,不墨守成规,激情,快乐,尊重,浪漫,自我接纳,自律,自尊,性欲,技能,独处,宽容,工作

达娜

成就,真实,归属,关心,承诺,同情,自信,贡献,合作,可靠性,职责,生态,家人,友谊,乐趣,慷慨,上帝的旨意,成长,健康,乐于助人,希望,谦逊,独立,爱,忠诚,开放,秩序,目标,理性,尊重,责任,自律,自尊,无私,灵性,稳定性,宽容,传统,工作

艾莉

有魅力,归属,关心,舒服,同情,自信,合作,可靠性,职责,家人,友谊,慷慨,上帝的旨意,健康,乐于助人,诚实,希望,谦逊,幽默,内在平和,正义,爱,忠诚,秩序,责任,安全,自我接纳,自尊,无私,灵性,稳定

性,宽容,传统,美德,工作

• •

我想帮助你聚焦你的核心价值观,所以还有一步要走:请通读你认为对你来说很重要的价值观,并选择对你来说最重要的三个。一旦你做出了选择,我希望你可以思考一下你所选择的价值观。我如何定义这个价值观? 为什么这个价值观对我很重要?

你的五位陪伴者选择的价值观和他们对这些问题的回答如下。

• •

对我来说最重要的价值观

亚力克

价值观1:尊重

1.我如何定义这个价值观?

> 尊重是被当作有价值的人对待,因为人们认识到你值得被这样对待,被给予空间做你自己。

2.为什么这个价值观对我很重要?

> 尊重他人和被他人尊重对我来说都很重要,我很难解释为什么。如果没有尊重他人,你真的无法应对生活中遇到的一切。

价值观2:家人

1.我如何定义这个价值观?

> 家人是你生命中在你需要时会支持你的人,反之亦然。

2.为什么这个价值观对我很重要?

> 作为一个男人意味着要确保你的家人得到照顾,并知道你们会互相支持。这就是我的成长方式,我永远不会改变这种信念。

价值观3:成功

1.我如何定义这个价值观?

> 对我来说,成功意味着让你的工作和个人生活尽可能地顺利,实现你有能力实现的目标,能够过上好日子,不断进步,但也要确保你的家庭生活过得好。

2.为什么这个价值观对我很重要?

> 我父亲在工作上取得了成功。我尊敬他,也希望自己能成功。在某种程度上,成功是衡量你人生价值的标准,无论你在所做的事情上是否成功。这就是我把这个添加到列表中的原因。

价值观4:健身

1.我如何定义这个价值观?

> 我不能像以前那样跑步了,但保持良好的体形对我来说仍然很重要。这关乎身体状况和耐力。

2.为什么这个价值观对我很重要?

> 放纵自己的人会过早衰老。我喜欢身体健康时的感觉,我需要保持精力充沛。

芭芭拉

价值观1:成长

1.我如何定义这个价值观?

> 不断变化,永不停滞不前或自满。学习,体验新事物,改进、拓展舒适区,"挑战"也是其中的一部分。

2.为什么这个价值观对我很重要?

成长感觉像是一种责任。我们被赋予了这种令人难以置信的学习和改变的能力。如果浪费了这样的机会来发现我们能成为谁，是多么可悲啊。

价值观2：激情

1.我如何定义这个价值观？

拥有激情就是有某种东西抓住你、支撑你。它让你对自己所做的事情感到兴奋，并全身心投入其中，愿意为之付出一切。

2.为什么这个价值观对我很重要？

我一直觉得这就是真正活着的意义，而不是敷衍了事。正如一位诗人所说，如果你不忙着活，你就忙着死。

价值观3：关心

1.我如何定义这个价值观？

深入内心，全身心地为生活中和世界上的其他人付出。这需要深思熟虑、慷慨和谦逊。

2.为什么这个价值观对我很重要？

我从小就相信，我们既要对自己负责，也要对他人负责。这是斯蒂夫和我共同的价值观——真的，这就是吸引我到他身边的原因，也是这些年来让我们团结在一起的原因之一。

科林

价值观1：真实

1.我如何定义这个价值观？

是的，要忠于自己，但也要知道自己是谁，知道自己真正的想法和感受。不要害怕让别人看到你是谁。做真实的自己，不要假装或把自己描绘得面目全非。

2.为什么这个价值观对我很重要？

当你失去自我时，你的生活就会变得漫无目的。这也是一个信任的问题。如果你不真诚，我怎么能相信你所说的？如果我不真诚，你又怎么能相信我呢？

价值观2：创造性

1.我如何定义这个价值观？

创造性不仅仅是拥有一些原创的想法和创造新事物，它表达了你自己，你的愿景、你内心的挣扎、火花和灵感。它把你身上所有独特之处带到这个世界。

2.为什么这个价值观对我很重要？

这是我的一部分，否则我不知道该如何成为我。它给了我最大的幸福感——当我发挥创造力时，其他一切都消失了，我成了我应该成为的人。

价值观3：同情

1.我如何定义这个价值观？

不要很狭隘地评判他人，人们通常比表面上看到的更有内涵。我认为，当你跳出固有的思维模式看待他人，并能够以更感激的态度去关心他们时，同情心就会产生。

2.为什么这个价值观对我很重要？

我已经感受过被禁锢的滋味。我也做过评判的工作。在决定一个人是怎样的人之前,先看看他的整个人、他的挣扎和处境,这让我觉得自己站在天使的一边。

达娜

价值观1:贡献

1.我如何定义这个价值观?

贡献不仅仅是给这个世界增添"一些东西",而是改善他人生活的东西。贡献也是给这个世界留下一些东西,对弱势群体有所影响。

2.为什么这个价值观对我很重要?

它给了我一种使命感,我几乎将其选为我的首要价值观之一。但目标是回馈,因为我知道我得到了太多。

价值观2:可靠性

1.我如何定义这个价值观?

当人们需要你的时候,他们应该能够指望你在他们身边,此外,他们应该能够相信你总会尽力而为。

2.为什么这个价值观对我很重要?

我很自豪我是这样一个人。我很可靠,我也尊重其他同样可靠的人。这是孩子们生活中最需要从成年人那里学到的。

价值观3:灵性

1.我如何定义这个价值观?

灵性意味着关注你对生命珍贵的认识，并受到你最深的信念、信仰和对人性的关怀的引导，无论你的宗教是什么，无论你对上帝的看法是什么。

2.为什么这个价值观对我很重要？

这就是我最深处的价值观，也是我的一部分，它让我的生活步入正轨。没有人能够像灵性一样引导我。这是我的爱、尊重、决心、稳定性和自我意识的源泉。

艾莉

价值观1:家人

1.我如何定义这个价值观？

家人是你所爱和珍惜的人，他们让你的房子成为家，让你的世界成为一个温馨的地方，让你的生活充满意义。他们是你愿意为之付出一切的人，他们也愿意为你付出一切。

2.为什么这个价值观对我很重要？

如果没有我的家人，我将一无所有，而我拥有的一切都将变得毫无意义。

价值观2:上帝的旨意

1.我如何定义这个价值观？

我认为上帝的旨意就是努力学习并且遵照上帝希望你在这个世界做事情的方式去做事。在你活着的时候尽你所能成为最好的人，也为他人尽你所能。

2.为什么这个价值观对我很重要？

> 我一生中得到了很多礼物。如果我不够感激，没有按照上帝的旨意去生活，那就有问题了。

价值观3：自尊

1.我如何定义这个价值观？

> 爱自己。对自己感到满意，并尽一切可能改进自己。做你认为对的事情，这样你才能为自己感到自豪。

2.为什么这个价值观对我很重要？

> 当我选了这一项之后，我笑了，因为我意识到我只是在写我缺乏自尊。但是我在客户身上看到了这一点。当某件事提升了他们的自尊时，他们会精力充沛——并且要小心。

● ●

现在轮到你了，请问问自己：

1."哪三个价值观对我来说最重要？"（你可能会发现将自己限制在三个价值观上很有挑战性，但目标是认真思考哪些价值观对你来说真正最重要。如果你必须包括第四个甚至第五个价值观，以公正地对待你真正关心的东西，当然你应该这么做。）

2."我如何定义其中的每一个词？"（我提供的简短定义可能与这些词对你个人的意义相符，也可能不符。）

3."为什么这些价值观对我很重要？"

你可以在日记中写下你的回答。

价值观在你的生活中扮演什么角色？

当你写下你确定的核心价值观时，你可能会发现自己在思考这些价值观如何影响你的生活方式和你做出的选择。你甚至可能已经开始写了。我希望你能更详细地关注这些想法，描述你之前如何践行你最珍视的价值观。

∙∙

我是如何践行对我来说最重要的价值观的？

亚力克

价值观：尊重，家人，成功，健身

> 我在实现成功上付出了很多精力，为了我自己，也为了我的家人。我知道如果我努力，我就能升职，因为我的老板知道这一点。与此同时，虽然温迪对我经常不在家表示不满，但当我的家人需要我时，他们知道我会在。至于尊重，我总是以应有的尊重对待我的同事。我们招了一位新员工，我可以看出他很青涩。其他人就随意待他，我不喜欢这样。所以我开始和他交朋友，和他聊天。不是像对待一个孩子那样，而是像对待一个平等的人、一个能有所贡献的年轻人。那个人现在非常尊重我，因为我尊重他。我也尊重温迪。当其他男人，即使是已婚的，在勾搭女服务员时，我就会回家。至于健身嘛，我最近一直在偷懒。

芭芭拉

价值观：成长，激情，关心

> 我在与孩子们一起面对的挑战中成长。我在很多方面都突破了自己的舒适区。无论我有多累、多忙或多不舒服，如果学校需要志愿

者,我都会去。我想和他们一起成长。关心他人就是我的一贯作风。最近我一个朋友打电话给我,问我可不可以过去帮她照顾孩子,因为家里每个人都得了流感。她不停地呕吐,她丈夫和孩子也一样。那时我们正要去参加我侄女的婚礼。我丈夫担心我会把他们的病传染给家人,但家人最终都同意我必须去帮忙。

科林

价值观:真实,创造性,同情

对我而言,真实与正直密切相关。真实意味着忠于自我,不隐藏自我。我们的一个好朋友还特别提到他非常尊重这一点。保罗很幸运,他生命中有一个如此努力地忠于自我的人,他希望自己也如此。具有讽刺意味的是,我失败的地方在于努力假装自己完全愿意控制对保罗的愤怒,并且对此没有任何复杂的感受。坦诚面对这一切,会更加真实。我的创造力随处可见:在我的工作中,在我的家中。人们从走进我们家的那一刻起,就会对我们家发表评论;我有很强的设计感,我必须生活在一个美观的环境中。我也向朋友们提供我的创造力——我喜欢为他们提供家居方面的咨询。同情心是我多年来慢慢培养起来的。当我面对恐同者时,试着了解别人面临的挑战会对我有所帮助。恐同的行为仍然让我生气,但不会再困扰我了,有时候我还好奇他们怎么会变成这样。有几次,我甚至能够以一种让他思考的方式来与他谈话。那感觉就像是一种个人胜利!

达娜

价值观:贡献,可靠性,灵性

我以前总觉得我在工作上有所贡献,但现在感觉不那么多了。我现在所做的贡献是为了我的家人,这对他们来说确实有很大的影响。

我在这方面是非常可靠的，即使没有人注意到，我也很可靠。上个星期在我和朋友们出去玩的时候，我说我必须走了，因为我需要早起去替一位同事。当我补充说"即使我不去，也不会有人注意到"，我的朋友为我离开而感到难过，但我告诉他们，重要的是我会知道。至于我的灵性，它每天每时每刻都伴随着我，它引导我有机会善待他人的逆境。只要有机会对别人行善，我都会这么做。这就像在公交车上听一位老人讲述她的人生一样简单，她可能感到孤独或者害怕。

艾莉
价值观：家人，上帝的旨意，自尊

我每天都践行我对家庭和上帝的旨意的价值观。当然，我并不完美，但我总是想着家人的幸福。我想着给他们做什么好吃的，关注他们的健康状况和医生的预约，我努力保持家里的干净。我也努力支持他们每一个人，包括吉尔，去追寻他们的梦想。上个月，他告诉我他想重新开始做家具。我们刚搬到这里的时候，孩子们还小，他想在家里开一家商店，但由于空间问题，这并不现实。但这次我决定在他生日那天给他一个惊喜。趁他不在家的时候，我让孩子们帮我一起打扫了车库，我还买了一个小的打磨工具，并把它包起来，上面写着"去车库"的说明。他很激动！他一直在安装设备，我迫不及待想看到他再次做他热爱的事情。我相信，通过努力成为最好的妻子和母亲，我正在遵循上帝对我的旨意。说到自尊，我非常擅长帮助别人身上建立这种自尊。我总是发现每个人身上的最好的一面，我的客户、我的朋友，还有我所有的家人。

现在轮到你了,请问问自己:"那些观察我生活的人怎么会知道这就是我的价值观?"请具体说明,并尽可能多地举例说明。因为我希望你首先关注你感觉良好的事情和生活方式,如果你发现自己也在思考你并没有像自己希望的那样充分践行你的价值观,请暂时把这些想法放在一边。如果有那么一两个价值观确实如此,请写下你的生活所体现的价值观。在你的日记中记录你的答案。

正如我们在邦妮和约翰的故事中看到的,以及前面提到的,当人们开始认真思考自己的价值观时,他们常常意识到,他们希望比现在更充分地践行一个或多个价值观。如果他们对生活中某个重要领域感到矛盾,那么更有可能的是,他们的两个或多个核心价值观存在冲突,或者他们的选择受到了价值观以外其他因素的影响。这些影响可能包括他们正在考虑改变的行为所带来的回报,改变可能需要付出的成本,或者尝试改变所面临的恐惧。

这就是我想让你现在思考的——你希望如何更充分地践行你最重要的一个或多个价值观,以及是什么阻碍了你这样做。尤其是,你当前的行为或处境如何阻碍你做到这一点?

你的五位陪伴者对这些问题的想法如下。

• •

我希望如何更充分地践行我的核心价值观?

我当前的行为或者处境如何阻碍我做到这一点?

亚力克

价值观:尊重,家人,成功,健身

> 我真的好想回到过去好好照顾我的身体。我知道怎么做,只是需要时间。以前,我会说温迪试图让我停止做我需要做的事情才能成功,所以家庭阻碍了成功。但现在我想也许情况正好相反。也许我的

竞争欲望让我忘乎所以。工作总是很奇刻，我又总是想出类拔萃，所以我不可能放松下来。但是我一直专注于取得成功，以至于没有为经营我的婚姻、照顾简或者维系其他朋友关系而付出太多努力。我失去了平衡，我需要把它们找回来。我想我大概知道这一点，这就是为什么我一直推迟要求更大的地区——这会使整个情况变得更加严重。所以至少现在这是有道理的。我还是希望温迪能够感激我在经济上对她和简的照顾，但我想我并没有让她能够轻松做到这一点。我想这就是尊重的意义所在。我一直对温迪不尊重我感到很生气，因为我回家晚了，她还抱怨我喝酒。我还是不喜欢这一点，但是我必须承认我没有想过我对她有多尊重，把她晾在一边置之不理，换了是谁都会不开心的。在外面待到很晚，迟迟不回家也不会让事情变得更好。我认为，恢复我们以前对彼此的尊重会很好。

芭芭拉

价值观：成长，激情，关心

长期以来，我的激情来源都是孩子。当我们的最后一个孩子离开时，我开始想起多年来一直搁置的性爱部分，并想再次感受到那种感觉。我无法想象和斯蒂夫发生这种事，所以我开始考虑其他男人。然后，我所有的关心和承诺让这一切看起来不可能，我的内疚和恐慌占据了上风。我的确需要重温激情。但让我很惊讶的是，我记得斯蒂夫和我刚在一起时有多亲密，并意识到"关心"这个价值观在把我们聚在一起方面发挥了多么强大的作用。感觉就像重新建立了一点联系。当然，他也总是鼓励和支持我接受我想要投入的所有挑战。也许我对他不是很公平？我们已经很久没有真正在一起共度没有孩子围着的时光了，也许我们都忘记了我们曾经拥有的东西，可能那里还有更多值得探索的东西；也许我需要另一个成长的出口；也许我太快放弃了再次工作的想法，也放弃了在更广阔的世界里寻找新的挑战。

科林

价值观：真实，创造性，同情

尽管我全身心投入创作，但我在处理这种困境时，却一点创造力都没有。我实际上非常缺乏创造力，甚至有些僵化。利用艺术帮助我处理复杂的情绪，发现看待事物的新方式，对我来说，通常就像呼吸一样，但是不知何故，我却忘记了这一点。讽刺的是，这是我最真实的做事方式。所以，固执，并且把保罗当敌人看待让我无法成为最好的自己。更不用说同情心了。我对恐同者比对我的伴侣更有同情心。我并没有真正尝试去理解这一切对他来说意味着什么，至少没有深入理解过。所以我的答案是，我已经做好了准备。

达娜

价值观：贡献，可靠性，灵性

老实说，我知道成为一名教师才是我能做出最大贡献的方式。尽管我很爱我的家人，但我并不认为做出更大的牺牲来为家庭做贡献，进而让他们更加依赖我是值得的。我花了很多时间从实际角度考虑这个问题，担心财务方面的问题以及我对身边人的责任，但除了做一个可靠、可爱的女儿之外，我没有考虑我来到这个世界上要完成什么。换句话说，我并没有把灵性看得那么重要。有趣的是，如果不是因为我的家人，我根本不会拥有这些价值观。

艾莉

价值观：家人，上帝的旨意，自尊

我真的不认为照顾好自己或者让家人照顾我是自私的。我也是我家庭的一部分！但我觉得这样做是不对的。我不认为上帝的旨意是让我拒绝支持或自暴自弃。我不认为上帝希望我成为圣人。我觉

> 得他希望我爱自己,就像他爱我一样。我只是内心有一个很大的障碍,阻止了我对自己好,或者接受别人对我的帮助,尽管我知道照顾好自己不仅对我有好处,对他们也有好处。

现在轮到你了,请问问自己:"我的价值观之间有没有冲突,这可能导致我陷入困境? 我的行为方式是否与我的一个或多个价值观相悖,使我无法按照自己的意愿充分地践行它们?"把你的答案记录在日记中。

最后,我希望你现在关注如何才能更充分地践行你的核心价值观。咱们先来看看你的五位陪伴者的回答,如下所示。

我必须做出哪些改变来更充分地践行我的价值观?

亚力克:

价值观:尊重,家人,成功,健身

> 对于这个问题,我需要想办法腾出更多时间陪伴温迪、简和我们的朋友。此外,我自己也要重新开始锻炼,甚至还可以去车库修理我的科迈罗(大名鼎鼎的"变形金刚"里"大黄蜂"的原型车),它已经积尘很久了,我都不敢想象。我想这就是恢复平衡的意义吧。当我回到家的时候,我需要对温迪更加尊重,并且想办法让她对我也更尊重。减少跟客户一起喝酒的次数会有所帮助。

芭芭拉

价值观:成长,激情,关心

> 我可能得重新考虑我对斯蒂夫的了解。我已经很久没有把他视为一个供养者和陪伴者以外的人了。他确实如此,但是多年来我从未想过他是否可以有更多的角色。我也必须抓住机会,对他更加坦诚,

看看我们是否能以更深入的方式重新认识彼此。想想都觉得可怕,因为我真的不知道会发现什么,一个能让我感受到激情的人?还是一个好男人,一个他自己,并对此感到满意的人?我可能还得开始思考我能做什么样的工作,想做什么样的工作,甚至想象重新开启自己的职业生涯会是什么样子。

科林

价值观:真实,创造性,同情

我要更有创意地学习用不同的方式来表达我的愤怒,并对保罗更加同情,告诉他这件事对他有多难,以及我的愤怒对他有何影响。

达娜

价值观:贡献,可靠性,灵性

我必须鼓起勇气与家人谈论我的真实感受和我想做的事情。我必须决定我是否愿意冒着让家人失望的风险去做我想做的事情。感觉我会更加认真地对待自己,并让我的灵性更加充分地引导我。

艾莉

价值观:家人,上帝的旨意,自尊

我必须更好地对待我想要的东西,比如减肥。有趣的是,我几乎没有想过这个。但我知道这对我来说很重要,能帮助我提高自尊。只是我必须能够做任何事情而不忽视吉尔和孩子们,还要学会让他们更多地帮助我。尽管我认为他们愿意帮助我,但我不太确定我们中是否有人知道怎么做。

现在轮到你了,问问自己:"我必须做些什么才能在未来更充分地践行这些价值观? 我需要对我一直在努力的行为或情境做出哪些改变(如果有的话)? 我需要什么或什么可以帮助我比现在更充分地践行这些价值观?"把你的答案写在你的日记本上。

反思你对价值观的探索

我现在邀请你做一个反馈:说说你对自己最珍视的价值观的理解、它们在你生命中的位置以及它们跟你的困境的关系。请再次朗读你对本章中前三项活动的回答,然后再大声朗读对第四项活动的回答,"我必须做出哪些改变来更充分践行我的价值观?"阅读时请聆听自己,然后问问自己"现在我处于什么位置?"在你用日记本记录答案之前,请参考五位陪伴者的反馈。当你写完反馈后,请大声朗读。

以下是五位陪伴者的反馈:

- **亚力克**:"我需要做的事情看起来很清楚,重新平衡工作和家庭,抽出一些时间让自己变得更健康。不是因为有人告诉我,而是因为我看到事情已经有点偏离轨道了,我想回到正轨上。少喝酒是这一切的一部分。"
- **芭芭拉**:"我不知道我是怎么让我的关注点变得如此狭隘的,但随着视野的开阔,我的感觉不同了。虽然不知道未来会怎样,但想到要和斯蒂夫一起尝试创造一些新的东西,并在这么多年后探索职业生涯的重新开始,昔日暖暖的感觉就涌上心头,我知道我已经发现了一些东西。"
- **科林**:"现在开始真正地开展这项工作。"
- **达娜**:"与精神层面的接触能让我看得更清楚。如果我决定做自己喜欢的事,我的家人会支持我。也许不是马上,但假以时日,他们会理解的。我以前一直担心他们最初的反应,但是我知道他们希望我得到满足,做我生命中重要的事情。我很高兴能开始。"

- **艾莉**："提醒自己减肥不仅仅对我自己有好处,对我的家人也有好处。这会让我不那么介意让他们帮我减肥,如果那是我减肥需要的,我想是的。我只是想要确定我不会从他们那里夺走任何东西。如果我能做到这一点,我甚至可能会培养一些自尊心!"

展望

第二篇的章节是通过过探索改变对你的重要性和你对人做出改变的信心,以及核心价值观对你做决定的影响,来帮助你解决矛盾心理的。如果你完成的活动产生了预期的效果,那么你已经看到一条摆脱困境的道路摆在你面前。你准备好走这条路了吗?

序曲二

是否准备好改变？

现在是时候决定你所完成的工作是否让你准备好朝着一个方向前进。为了帮你做出决定（或者如果你已经决定了，可以帮助你坚定决定），我希望你可以回顾一下，想一想你从哪里开始，你现在在哪里，以及你是如何走到今天的。请回到我让你完成的第一个活动的回答——讲述"矛盾心理"——再次阅读你所有的回答直到最后一个反馈，然后问问自己："一开始我是如何看待我的处境的？我对它的看法是如何改变的，以及现在我是如何设定它的？"但是，请先参考五位陪伴者的回答，如下所示。

· ·

回顾

亚力克

1.一开始我是如何看待我的处境的？

> 我认为这是我妻子的问题。我觉得她非常不讲道理，于是我就想办法让她停止这种行为，我真的不觉得我需要改变什么。

2.现在我是如何如何设定它的？

> 需要做出改变。这不是"谁有问题"的问题，而是想要事情变得更好，并且想办法让一个方面变好的同时不要伤害到另一个方面。我认为这不一定是一件大事。

芭芭拉

1.一开始我是如何看待我的处境的?

> 我感到被困住了。要么伤害斯蒂夫和孩子,这样我就可以过上好日子,要么留下来,过着痛苦的生活。我觉得我必须立刻做出决定,并接受这个决定。我感到内疚和绝望,因为我无法决定。

2.现在我是如何如何设定它的?

> 我充满希望。除了牺牲自己或者我的婚姻,我还有其他选择。我有一种害怕/兴奋的感觉,这种感觉在我每次跳入未知领域并全力以赴时都曾有过。我已经很久没有这种感觉了。

科林

1.一开始我是如何看待我的处境的?

> 我内心很矛盾,但我并不知道,也许说我真的不想知道。一方面我想按照保罗的要求去做,另一方面又对他的要求心生怨恨,觉得自己受到了指责。我开始有一种徒劳无功的感觉,无法控制自己的愤怒,尽管我也不想承认这一点。

2.现在我是如何如何设定它的?

> 我对改变并不矛盾,我知道自己想要什么,什么对我来说很重要。我更愿意把它看作一种挑战,想出更具有创意的方式来控制我的愤怒,并更好地与保罗交谈,了解为什么有些事情让我心烦意乱,以及我们如何才能更好地在一起。

达娜

1.一开始我是如何看待我的处境的?

> 我认为这是个责任问题。我觉得做自己想做的事而不去做实际的事情是不成熟的。我真正关注的是财务和帮助我的家人。

2.现在我是如何如何设定它的?

> 我现在把它看作我灵性发展的一部分。成为一名老师将服务于更大的利益并发挥我的潜力。这是一个正确的决定。

艾莉

1.一开始我是如何看待我的处境的?

> 我感到非常绝望,因为我失败了很多次。我对自己感觉非常糟糕。我真的不知道我为什么要费心拿起这本书来读。我想我只是不能让自己放弃。

2.现在我是如何如何设定它的?

> 我并不觉得绝望。不过,我还是不确定我能不能做到。我想要对自己更好一点,我想我应该让我的家人多帮助我,尤其是吉尔。这样做并不自私,因为支持我会让他感觉很好,如果我减肥成功,对每个人都有好处,而不仅仅是我自己。

··

现在轮到你了,把你的答案写在你的日记本上。

确认准备程度

在进行本书的第三篇活动之前,真正做好改变的准备很重要。这并不意味着你应该 100% 确信自己做出了正确的决定。事实上,许多踏上改变旅程的人在进入未知领域时仍然至少有一点怀疑或者恐惧。然而,这确实意味着你应该对自己的决定充满信心,并愿意尽一切努力去实现它。

如何判断你是否准备好了呢? 有时候就像一个简单的电话——就在你思考下一步具体该怎么做的时候,你会感到越来越强烈的渴望,即使你对将要做的事情的某些方面感到紧张,但事情并不总是那么明确。你可能认为你知道下一步该怎么做,但是你可能不确定它会如何进行,或者你是否找到了正确的解决方法,又或者你并不那么渴望改变,因为你已经开始将改变视为必需品。

所以我希望你问问自己,你准备好改变了吗? 如果你还不确定自己是否能做到你心中想做的事,请记住,我还没有帮你制订改变计划,所以不知道它会如何运作是意料之中的事。

问问你自己以下问题:

1.我现在是否准备好制订一个计划来执行我所做的决定,并且一旦我对我的计划有信心,就会按照它来实现改变?
2.我如何描述我现在对改变的感觉?

表A-2　准备好改变了吗? 我现在准备好制订和执行改变计划了吗?

0	1	2	3	4	5	6	7	8	9	10
一点也没有					中等					准备好了

这里是五位陪伴者的回应,在你写下自己的答案前可以参考他们的。

- 亚力克选了**8**分:"我知道我需要这样做,而且我认为完成这件事不会有太大困难。我喜欢想象当一切恢复平衡,我和温迪再次携手同心会是什么样子。"
- 芭芭拉选了**9**分:"经历了这么长时间的混乱之后,知道自己要做什么让我松了一口气,尽管我也很紧张,不知道结果会如何,有可能它会非常好,这令人兴奋。我很渴望也很好奇,我一直在思考可能的开始方式。"

- 科林选择了**8**分:"我已准备好开始计划。我知道我希望保罗和我之间的关系是什么样的。现在我需要发挥我的创造性,找出我们能做什么,必须如此,因为我不想失去他。"

- 达娜选择了**10**分:"现在是时候跟我的家人讨论我想做什么了。我已经开始研究不同学校及其经济援助计划的信息。这让我感觉很不错。我现在不再怀疑自己了。"

- 艾莉选择了**5**分:"我感觉自己比以前准备充分多了,感觉自己与众不同,这是好事。但想到真正去做这件事时,我也非常焦虑。也许只是很难相信这一次的结果会跟以往所有的尝试不一样。第一步,比如跟我的家人谈起此事,感觉相当可怕。"

使用前一页的评分量表——表A-2,圈出能够代表你的准备程度的数值,然后,在你的日记本上回答以上问题。

也许你选择的数字就是你所需要的,它告诉你下一步该做什么。但确定你在多大程度上准备好了的一个好方法就是在你写的内容中寻找改变性对话。你可能记得改变性对话出现在序曲一里面,它与准备性对话不同,准备性对话建立了改变或维持现状的重要性与信心。改变性对话表达了意图,并"动员"人们采取行动。就像我们之前讨论的,当人们参与动员性对话时,你会听到他们用这样的短语来表达:

- 承诺:"我将……""我打算……""我保证……"
- 启动:"我已经准备好……""我愿意……""我准备……"
- 采取措施:"我开始……""我正在努力……""我已经开始……"

你可能还会听到类似这样的表达短语。

- 积极感受:"我对于……很兴奋""我渴望……""我迫不及待……"
- 决心:"我已决定……""没有什么能阻止我……""现在是时候……"
- 设想改变:"当我想到它会是……样子时""想象一下如何……"

你在你的回应中看到这样的短语了吗?

展望

准备好改变

如果你像亚力克、芭芭拉、科林和达娜一样,选的数值在7~10分,并且已经有了改变性对话,那么你就准备好开始做一个改变的计划了。虽然10分可能比7分表达了更高的确定性或热情,但是有很多原因可以解释为什么一个人选择该范围内的最高分或者最低分,但仍然为继续前进"做好了准备"。请继续阅读第三篇。

还没准备好改变

如果你选择的数值在0~3分,很可能你的回应中没有或很少有改变性对话,甚至还有一些维持现状对话,也就是说表达了承诺、决心或者保持现状的步骤,以及对改变的消极情绪。

你选择那个数值可能是因为你意识到改变对你来说不是一个正确的决定。如果你确信,你从改变中失去的比得到的要多,或者你只是对现在感到满意,那么你就解决矛盾心理了。所以也不用去读第三篇了。

另外,如果你觉得即使你不情愿,你也应该尝试改变,那么你可能正在考虑继续下去,尽管你还没有准备好。在这种情况下,我建议你不要继续第三篇。心不在焉的行动——在没有决心或者准备好的情况下开始改变——对大多数人来说都是一个相当可预测的过程。他们改变的努力很有可能会失败,因为他们不愿意把改变作为首要任务,他们并没有充分发挥自己的创造力和智慧,他们也没有足够的决心去战胜可能出现的障碍。当他们发现自己依然在苦苦挣扎时,会很容易灰心丧气,并开始怀疑改变是否值得或者他们是否真的有机会实现改变。当他们没有把心用在这件事上时,可能会开始怨恨"不得不"做某件事。

如果这种描述你很熟悉,可能是因为在本书开头的地方,科林也是如此心不在焉地开始行动,除非那些心不在焉开始行动的人能够以不同的方式来看待他们自己的处境(就像科林做的)。这离放弃只有一步之遥——轻者,他们会感到失望和缺乏信心;重者,他们会创造或强化一种感觉,即他们对于改变的无力感,并承受这种观点带来的所有负面后果(自我批评、绝望或听天由命)。最糟糕的是,当所有努力以这种方式告终时,人们会更难感到自己已经准备好、愿意并且能够在未来做出改变。

相反,我鼓励你考虑其他的资源来帮助人们解决矛盾,让他们的生活更上一层楼。如果动机式访谈的精神和实践很适合你,即使你还没有取得如你希望的那么大的进步,那么找一个动机式访谈执业者,并且他也是一个咨询师,正在跟像你一样的人工作,可能是一种解决办法。一般来说,专注于你正在挣扎中的议题的从业者会更能帮到你,他们的工作方式与这本书里的自助方法会不一样。你使用这本书解决自己矛盾的经验会告诉你:最重要的是,没有一个方法能对所有人奏效,因为每个人都不一样。如果你没有在这里找到解决困境的方法,那么你完全可以相信你会在其他地方找到它。

倾向于改变

最后,如果你像艾莉一样,评分在4~6分,那么你很可能是倾向于改变,但是还没有完全准备好。我非常乐意看看是否可以帮助你更加坚定。

矛盾心理的一个影响是,它会使人只见树木不见森林。当你的内心被各种相互竞争的想法和感受包围时,你会有改变的理由,也有不改变的理由;你既想要改变,又害怕改变。既希望改变,又害怕失败;你既焦虑、内疚、好奇，又期待——你很容易忘记你这样做是为了什么。

所以现在我想帮助你退一步来看看大局。想象你决定做这个改变了，6个月或者一年之后，一切都如你所愿。回顾你当时的生活，请问问自己以下问题：

1. 我怎么知道我成功了？我的生活会有什么不同？我在做什么？我的感受怎样？别人对我有什么看法？

2. 事后回想，做出改变后，最好的事情是什么？没有做出改变的最糟糕的事情又会是什么？

在你写下自己的答案之前，请参考艾莉的回应，如下。

....

想象改变

艾莉

我怎么知道我成功了？我的生活会有什么不同？我在做什么？我的感受怎样？别人对我有什么看法？事后回想，做出改变后，最好的事情是什么？没有做出改变的最糟糕的事情又会是什么？

> 非常难以想象，我更瘦、更健康了，也更有能量了——我不会那么快就累了，这太好了，因为当你如此快地疲惫时，很难跟上一切。我想象早上穿好衣服，对我自己的外表感觉良好，而不是厌恶。我更多地和孩子们一起出去，而不是我借口不出去。有时候和我的朋友们一起购物。吉尔和我更亲密了。人们很可能会发现我更加轻松和快乐了。我感到更开心了——这就是最好的事情。如果我没有做这个改变，我还是会像现在一样感到失落，让自己和生活中的其他人失望。

....

现在轮到你了,在你的日记中写下答案。当你写下你的回应时,请大声朗读出来,聆听你自己。

想象成功改变后的效果后,这对你现在理解这种改变的准备程度有何影响?这里是艾莉的回应:

> "现在,只要这样想,我的分数至少会上升到 5 分或 6 分。我希望它能留在这里。我想如果做这件事不会让我如此焦虑的话,它就会留在这里。"

现在在日记中写下你的答案。

如果你发现想象改变会感觉很好,那么你对做出改变的怀疑可能与某些特定的,但尚未确定的因素有关,这些因素与带来不适的改变的前景有关。如果你像艾莉一样,曾多次尝试做出改变却没有成功,那么就尤其有可能出现这种情况,尽管也有可能这种不适的根源一直阻止你尝试改变,直到现在。

我想澄清一下,我并不是在谈论"害怕成功""自我破坏""想要失败",或者感觉自己不值得做得更好或者得到你想要的东西;那些"自我挫败"的动机并不常见,尽管你可能听说过。我的意思是,即便你想要做出你正在考虑的改变,要得到改变后的好处可能也要付出代价,也就是说可能会有你模糊意识到但是没有在这里说出来的代价存在,这个会拖你的后腿。

要了解这对你来说是否属实,请问自己这个问题:"改变会让我付出什么代价?如果我让自己想象努力改变,我会感到什么不适(如果有的话)?"

在你在日记中写下你的答案之前,请参考艾莉的回应,如下。

• •

改变会让我付出什么代价?

艾莉

> 说实话,除了向家人求助让我感到不适之外,我也想过是否要放弃那些在我压力重重的日子给予我慰藉的食物。不仅是在节食时放弃它们,而是永远放弃它们?这对我来说很难想象。这意味着即使我减掉几磅,我也看不出如何能够保持下去。但如果我做不到,又何必自寻烦恼呢?

• •

艾莉发现了一些她不确定是否愿意放弃的东西,以做出她想要的改变。可能在她开始节食时,这些不确定的想法就已经存在了。这也是她减肥这么久都如此困难的原因之一。如果你也有类似的发现,我想指出来的第一件事,就是你正在做一个改变的"构想",也就是说,你在想象改变可能会是什么样子,并遇到了一些让你无法坚持下去的事情。

解决这个问题的办法不是去忽视或者劝说你自己放弃那些感觉很重要的事情。为什么?因为那样做也就是另外一种强迫自己改变的方式,而且在你已经做了这么多努力来摆脱这种压力并好好聆听自己之后,如果现在还让这种情况发生,那就太可惜了。

我建议你采取以下方法。你不愿放弃的行为或物品是满足真实合法需求的一种方式,而这种需求不太可能消失。要做好改变的准备,你要么必须找到一种方法来保留你所拥有的东西,而不干扰你想要做出的改变,要么替代你所放弃的东西,这样你就可以以另一种方式满足这种需求。

所以请问自己这两个问题:

1.我是否有一个我不愿意放弃的需求?如果有,这个需求是什么?

2.有没有办法可以既满足这个需求,又能成功做出改变?如果没有,是否有可能找到另外一种方法来满足那个需求,以符合并支持我做出改变的决定。

请参考以下艾莉对这些问题的回答,然后在日记中写下你的答案。

•••

保持现状所满足的需求

艾莉

1.如果有,我坚持要满足的需求是什么?

> 安慰食物确实能安慰我。它们是我的压力缓解剂和一天结束的小奖励,当我在厨房里为大家做晚餐,很累了,之后终于有一点安静的时间属于我自己。它们陪伴着我,让我有片刻的休息,我感觉很好,我总是可以指望它们为我做这些。

2.有没有办法可以既满足这个需求,又能成功做出改变吗? 有没有其他的方式来满足这一需求?

> 我想我可以尝试少吃而不是完全不吃。但是我不知道这样做是否可行,因为它们都是高脂肪、高热量的食物,而这正是它们让人感到舒适的原因。还有,我不知道如果我不限制自己会有什么感受——如果我不得不计算我吃的饼干的数量,可能会减少一些乐趣。如果我能想到其他方法,我认为另一个方法可能会更好。我之前真的没有想过其他的奖励和安慰。

•••

期待你马上想出一个确切可行的方案来替代长期以来满足你重要需求的方法是不现实的,而且这不是这个活动的目的。相反,我希望你可以认识到你自己犹豫是否要做出改变是有充分理由的,要想成功做出改变就需要满足这个需求,而不是忽视它或者说服自己它不重要,这可能会帮助你对成功实现改变更有信心。重要的是要知道,如果你确定选择继续前进,那么确保你的需求能够被满足是我指导你完成计划制订过程中的原则之一。

所以在这一点上,如果我再问你一次,你在多大程度上准备好去制订和执行一个改变的计划,0~10分,你会选择哪个数字呢? 为什么?

表 A-3　准备好改变了吗?

我现在准备好制订和执行改变计划了吗?

0	1	2	3	4	5	6	7	8	9	10
一点也没有					中等					准备好了

艾莉选择了 7,她说:

> "我应该再试一次。我知道这不容易,但如果有机会,我最终能够以自己想要的方式看待自己,以自己想要的方式感受自己,那么对我来说,这一切都是值得的。"

你怎么样? 请在上表中圈出最能代表你现在的准备程度的数值。如果你的选择至少是7分,请继续阅读第三篇。如果你仍然倾向于但尚未达到那个数值,请考虑返回到第四章和第五章的活动中去,在你反思第六章的价值观的活动之后,你可能会有新的想法和感受。虽然我还不能保证什么,但是我希望你所做的努力都能有所回报。

第三篇

寻求自己的改变方式

序曲三

为改变做计划

　　我们的儿子很小的时候,就喜欢听一首传统儿童歌曲《我的桶上有个洞》。你还记得它是怎么唱的吗?这首歌以亨利和丽莎之间的对话形式展开,亨利遇到了标题中提到的问题,丽莎是亨利心目中的务实女孩。

　　　　　　我的桶上有个洞,亲爱的丽莎,亲爱的丽莎,
　　　　　　　我的桶上有个洞,亲爱的丽莎,一个洞。
　　　　　　　那就把它补好,亲爱的亨利,亲爱的亨利,
　　　　　　那就把它补好,亲爱的亨利,亲爱的亨利,把它补好。

　　丽莎认为亨利在问她该如何处理他的情况,而她的回应就是提供建议。但这并不能解决问题。亨利想了解更多关于整个水桶修补过程的细节,丽莎很乐意提供这些信息。

　　　　　　我该用什么修补它,亲爱的丽莎,亲爱的丽莎,
　　　　　　　我该用什么修补它,亲爱的丽莎,用什么?
　　　　　　用一根稻草,亲爱的亨利,亲爱的亨利,亲爱的亨利,
　　　　　　用一根稻草,亲爱的亨利,亲爱的亨利,一根稻草。

　　现在,你可能以为亨利会听从丽莎的建议,去修理他的水桶。然而,亨利还有更多问题:

如果稻草太长呢,亲爱的丽莎,亲爱的丽莎,

如果稻草太长呢,亲爱的丽莎,太长呢?

那就剪掉它,亲爱的亨利,亲爱的亨利,亲爱的亨利,

那就剪掉它,亲爱的亨利,亲爱的亨利,剪掉它。

我该用什么剪掉它,亲爱的丽莎,亲爱的丽莎,

我该用什么剪掉它,亲爱的丽莎,用什么?

哇哦,丽莎可能已经开始意识到,她给的建议越多,亨利问的问题就越多——事实上,他看上去好像更无助了。

用小刀,亲爱的亨利,亲爱的亨利,亲爱的亨利,

用小刀,亲爱的亨利,亲爱的亨利,一把小刀。

如果这把刀太钝了,亲爱的丽莎,亲爱的丽莎,

如果这把刀太钝了,亲爱的丽莎,太钝了呢?

那就磨快它,亲爱的亨利,亲爱的亨利,亲爱的亨利,

那就磨快它,亲爱的亨利,亲爱的亨利,磨快它。

用什么来磨快它,亲爱的丽莎,亲爱的丽莎,

用什么来磨快它,亲爱的丽莎,用什么?

到此时,丽莎,或许还有亨利,肯定已经清楚事情在朝着不利的方向发展。我们的儿子听了一遍又一遍,在录音中,丽莎对亨利越来越恼怒,这在她的语气和回答时发出的叹息中清晰可见;随着这首歌曲在痛苦中结束,每当她的回答引出另一个问题时,她就会开始悲伤。

用石头,亲爱的亨利,亲爱的亨利,亲爱的亨利,

用石头,亲爱的亨利,亲爱的亨利,一块石头。

如果这块石头太粗糙了呢,亲爱的丽莎,亲爱的丽莎,

如果这块石头太粗糙了呢,亲爱的丽莎,太粗糙了呢?

那么就弄湿它,亲爱的亨利,亲爱的亨利,亲爱的亨利,

那么就弄湿它,亲爱的亨利,亲爱的亨利,弄湿它。

用什么弄湿它,亲爱的丽莎,亲爱的丽莎,

用什么弄湿它,亲爱的丽莎,用什么?

用水,亲爱的亨利,亲爱的亨利,亲爱的亨利,

用水,亲爱的亨利,亲爱的亨利,用水。

我怎么取到水,亲爱的丽莎,亲爱的丽莎,

我怎么取到水,亲爱的丽莎,怎么取到水?

当歌曲接近尾声时,就连丽莎也开始感到恐惧,她看到了即将发生的事情。但她无力阻止这一切,因为她被困在自己扮演的角色中。

在桶里,亲爱的亨利,亲爱的亨利,亲爱的亨利,

在桶里,亲爱的亨利,亲爱的亨利,你的桶。

我的桶上有个洞,亲爱的丽莎,亲爱的丽莎,

我的桶上有个洞,亲爱的丽莎,一个洞。

说完,丽莎发出一声尖叫,录音戛然而止。有三件事是肯定的:我们刚才听到的对话是徒劳的。丽莎会害怕任何未来的续集;尽管丽莎的意图是好的,但亨利解决问题的进展并不比他开始时更好。

我们可以从这首老歌中得到哪些与你的情况相关的教训? 一般我们的理解是:亨利有点笨,可怜的丽莎对他的耐心受到了严峻的考验。但是恰恰相反,我想说:丽莎认为亨利想要并期待被告知做什么,而她的工作就是告诉他,这引发了整个无效的对话。(亨利并不需要丽莎告诉他去修他已经知道坏了的东西。)事实上,《我的桶上有一个洞》很好地诠释了当一个人决定有一个问题需要被解决或者需要做出改变时,如果以万能的一刀切建议的形式向他提供"帮助",会发生什么。丽莎很快进入"专家"的模式,实际上帮助创造了她所处的噩梦般的场景。

那么让我们考虑另一种情况。如果在最初的帮助尝试失败后,丽莎

试图让亨利想出解决问题的方法,结果会怎样? 她可能会发现亨利有他自己的资源可以动用,而且他对于哪种方法对他是可行的想法比她的建议更能指导他制订计划。她可能还意识到,亨利对她的建议越来越被动——"用什么来弄湿它"——这是她接盘后并告诉他该怎么做的结果;她甚至可能想知道,亨利是否只是陷入了她为他准备好的夸张角色:一个不能指望他独立思考或者独立行动的人。

此时,这个类比本身可能存在漏洞。但如果这个解释站得住脚(抱歉,忍不住要说),它就有一个重要意义,那就是我如何最大限度帮助你制订有效的改变计划。

我如何帮助你制订改变计划?

丽莎和亨利的教训是,我告诉你如何改变,就像告诉你是否应该改变一样毫无用处。相反,我的工作就是为你提供一个制订计划的结构,并帮助你利用你自己的优势、技能、知识和创造力,将感觉合适的部分填入那个结构。然后,一旦你开始执行你的计划时,我将指导你评估其有效性并相应地进行修改。

为什么我的角色是充当你解决问题的促进者,而不是提供答案的专家? 亨利和丽莎之间的互动预示了其中一个原因——当作者(或者其他专业人士)表现得像个专家时,那些被帮助的人别无选择,只能扮演专业知识的被动接受者的角色。专家不会让你使用自己的资源,而是要求你依赖他们的资源。

现在,不可否认的是,有时候这可能正是有问题的人想要的:有人能解决它。但涉及真正需要专业知识的问题时——修理你的汽车或者电脑、开药治疗疾病或手术切除阑尾,这通常是一个明智的选择。但是当涉及改变行为、处境或者个人模式时,你才是自己最大的专家,你最知道什么对你有作用,什么对你没用。当然,这不是说知识渊博的来源的想法或方法不能对计划的制订做出有价值的贡献。这意思是说制订计划是将计划付诸行动并承担后果的人的工作,而不是专业人士的工作,因为专业人士不可能像你一样对结果投入那么多。

我将帮助你自己寻找答案而不是试图为你提供答案的另一个重要原因是:你更有可能执行自己制订的计划,不是根据他人(包括专家)给的建议而制订的计划。其中部分原因就如众人皆知的"生成效应",即人们更容易记住他们产出的东西,而不是提供给他们的东西。另一部分原因是:与不了解你独特能力和优势组合的人向你建议的计划相比,你更能感觉到自己能够更好地执行由你制订、深思熟虑并最终承诺的计划。

最后一个原因,为什么我不会试图回答你该如何做出改变。没有"答案"。不管其他专家说了什么,关于改变的大量研究表明,改变总是有不止一种正确的方法。对于很多想要戒酒、戒毒、戒赌、减肥或者控制性欲望的人来说,匿名戒酒会及其自助、互助小组可以极大地帮助人们。然而,同样真实的是,许多戒酒或戒毒的人,根本不需要参与12步计划,就放弃了赌博,改变了饮食习惯,或者控制住了他们的性欲望。治疗抑郁症的药物让数百万人得到了缓解,但是不用抗抑郁药,很多心理疗法也一样可以帮助人们缓解抑郁症。有些人发现了尼古丁的替代品(口香糖、尼古丁贴片等),对他们戒烟至关重要,但是很多人没有用这些辅助手段也戒烟了。这样的例子还有很多。对于本书旨在帮助你解决的任何问题,都没有一刀切的解决方案。

成功的最佳机会在于制订一个你愿意并能够执行的计划,并且你相信,如果付诸行动,这个计划会对你有用。一个计划或其任何组成部分是否"适合"你,与是否有证据表明其整体有效性一样重要。

正如改变有很多正确的方法一样,没有万无一失的帮助方式——其中就包括这个。如果你认为我分享的任何指导方针对你来说有误,或者感觉削弱了你的动力,请相信自己,不要理会它!没有什么是适合所有人的,包括这些指导方针,你最清楚什么最适合你。

好消息是,在我的工作中,我帮助人们制订了各种各样成功的计划,以解决各个不同领域的很多问题。其中一些计划聚焦在别人用得成功的元素上,而另一些计划,我从未想到过,但结果却非常适合制订计划的人。我们有充分的理由相信,你也能够制订出适合自己的计划。

什么在起作用?

在第七章我会描述改变的计划的组成部分,以帮助你制订计划。但在此之前,最好先记住一些一般特征,这些特征可以将改变工作方式的方法与不太可能实现你想要完成的工作的方法区分开来。

有效的改变计划是具体的。心理学家彼得·高威哲(Peter Gollwitzer)关于"执行意向"[1]的研究表明,在做一个相对简单的改变,通常只需决定要做什么,然后就去做即可。但是如果涉及更加困难的改变时,制订详细的计划来说明要做什么、如何去做,以及为遇到的障碍做好准备以便随时应对,并坚定地承诺尽可能坚持执行计划,都是很有价值的。

有效的改变计划是受益的,并非只有工作没有报酬。改变可能很难,有时你可能会感觉自己在苦苦挣扎却没有多少立竿见影的效果。为了让你能够保持开始时的动力,并忍受困难时刻,重要的是要创造机会让自己对正在做的事情感到满意,并参与一些活动让自己感觉到快乐,并减轻压力。

最后,有效的改变计划是可以修改的,而不是一成不变的。无论你制订的计划多么周到,多么彻底,在付诸实践之前,你都无法确切知道它的有效性(或者说,哪些部分会按预期工作,哪些部分不会)。好的改变计划就像一个拼图,每一块都在对的位置,没有多余的碎片混淆画面。大多数人至少需要尝试几次才能拼对。

---

1 Stadler, G., Oettingen, G., & Gollwitzer, P. M. (2010). Intervention effects of information and self-regulation on eating fruits and vegetables over two years. Health Psychology, 29, 274-283.

展望

　　在接下来的章节中,我将指导你如何制订一个改变计划,让它适合你的独特处境和解决问题的风格,努力让计划实现并评估其运作方式,用合适的新部分替换不太合适的部分,然后再试一试。根据我的经验,这会让你得到最好的机会来成功实现改变。让我们开始吧。

7

制订计划

有效的改变计划包括对以下五个问题的回答[1]：

1. 我想要做出哪些改变？

2. 我为什么要做出这些改变？

3. 我需要采取哪些步骤来做出这些改变，什么时候做出这些改变？

4. 当我需要这些改变时，我可以向谁寻求支持？

5. 在做出这些改变时，我可能会遇到哪些障碍，我该如何克服这些障碍？

　　为了让你获得最大的成功机会，我将帮助你制订改变的目标，这样你就可以靠近你正在努力实现的目标。我将帮助你描述改变的理由，这样你就可以很容易记住为什么要这么努力地去做出这些改变，尤其是在遇到困难时；我将帮助你制订具体的步骤，这样你就知道要做什么改变，来面对和处理你所遇到的不同情况；我将帮助你确定愿意支持你努力的人以及他们每个人愿意扮演的角色，所以当时机一到，你就知道可以向谁求助以及获得什么样的支持；我还将帮助你预测尽可能多的潜在障

1　Miller, W. R., Zweben, A., DiClemente, C. C., & Rychtarik, R. G. (1992). Motivational enhancement therapy manual (Project MATCH Monograph Series, Vol. 2). Washington, DC: National Institute on Alcohol Abuse and Alcoholism.

碍,这样你就可以准备好克服它们的方法。

在学习本章的过程中,你将完成一系列活动,为你回答这五个问题做好准备。然后,你在"个人改变计划"表格中写下你的答案,因为将整个改变计划放在一个地方会让你更容易找到并参考它,在需要时进行修改。像以前一样,你可以把自己的改变计划记录在日记中。

改变的目标

目标是奋斗过程中预期的终点。它们就在我们面前,引导我们不断前行,直到实现。在过去的几个活动中,你很可能已经越来越清晰地确定了想要做出的改变。改变计划的第一步就是制订改变的目标,以指导你确定将要采取的步骤并监控你的进度。

改变的目标是一个具体的目标,我们可以通过努力来实现它。"快乐"是我们大多数人都认同的目标。但要利用这一目标制订有效的改变计划,首先要问自己:"我的生活需要如何改变才能快乐?"这个问题很重要。建立更亲密的关系是关键吗? 找到一份自己满意且有挑战性的工作? 有足够的钱过上某种生活? 或者,如果你的目标是"身体健康",那么你需要做些什么才能实现这一目标呢? 减肥? 多锻炼? 改善睡眠? 减轻压力?

有时候,目标虽然可以实现,但是也有一点令人望而生畏,人们会发现自己感到不知所措,并没有为实现目标而努力。这种情况的发生一般是由于目标太遥远,而且需要很长时间才能实现,或者实现这个目标的过程复杂且任务艰巨。

举个例子,一个人可能有个目标,即攒够钱来购买一件昂贵的物品。实现这个目标可能并不复杂,但是需要一些时间。实现这类目标的改变计划需要包括一些较小的里程碑来确认前行的方向,并提醒人们为什么长期努力是值得的。

另一方面,对于刚进入大学的学生来说,他们可能的目标是成为一名医生。这个远大目标不仅显得遥不可及,而且要实现它,还需要学生将其分解为一系列更具体、更易操作的阶段性目标,比如,如何在有机化学科目上取得好成绩;如何在4年内保持较高的平均绩点;如何完成医学院校申请;如何度过医学院的第一年等。将复杂的长期目标分解为更小、更易于管理的目标,并专注于实现最近的一个小目标上,而将其他目标留到以后再实现,这可能会使成功的改变过程与脱轨的改变过程有所不同。

因此,请牢记这些指导原则,回顾和思考你对最近活动的回应,并通过问自己以下问题来确定你的改变目标:"我想做出什么改变?我希望我的生活有什么不同?"但是,我们先来看看五位陪伴者是如何回应这些问题的,如下所示。

我想要做出什么改变?

亚力克

> 我想要我的生活恢复平衡,做我认为需要做的三件事:
> 1. 改善与温迪的关系,让我们重新携手同心。
> 2. 外出见客户时减少饮酒。
> 3. 抽出时间做我喜欢做的事情,比如恢复体形和修理我的车。

芭芭拉

> 1. 重新认识我的丈夫,看看我们能做些什么。
> 2. 重返职场,拥有自己的事业。

科林

> 1. 停止对保罗发脾气,我到创造性的方法来改变我表达愤怒的方式。
> 2. 学习更好地与保罗沟通那些让我心烦的事情。
> 这两个目标是相互关联的,但是我认为我需要同时努力实现这两个目标。

达娜

> 1.去读研究生,成为一名老师!
>
> 2.与父母的关系更像一个成年人,坦诚地告诉他们我想要做什么。

艾莉

> 1.我最好努力恢复到怀孕前的体重。这是我的主要的目标!
>
> 2.我希望在需要时能更好地让别人帮助我。

● ●

当你读到这五位陪伴者的改变目标时,你可能会想知道其中有些目标有多清晰、多容易实现。亚力克减少饮酒量的具体目标似乎没有那么具体,也许他应该考虑一下可以接受的饮酒量,尽管也许当他开始制订改变的步骤时,他才能达到那个具体程度。艾莉的目标是恢复到怀孕前的体重,这看起来雄心勃勃,尤其是考虑到她对改变的信心很差;也许她设置一个低一点的中等目标,这样她才能更有把握实现它。

你正在考虑你的目标吗? 问问自己以下问题:

1."这个目标是否足够清晰,可以作为制订具体步骤的基础?"如果不是,请考虑一下是否可以制订得更加具体一点。

2."实现这个目标是否似乎遥不可及,或者感觉有点不知所措?"如果对其中任何一个问题的回答是肯定的,那么请考虑一下是否有一个更有限的、可实现的目标作为起点。

至此,你已经在日记本的"改变计划记录表"中写下你的回答,请你大声朗读它们并聆听你自己,然后再进入到下一节,思考你打算实现的改变。

改变的理由

下一步就是说明你做出上述改变的原因。正如你完成之前的活动一样，你已经花了很多时间思考和写下这些改变对你来说为什么重要。现在是时候用清晰、易记的方式记录你最重要的原因了。

人生目标

为了帮助你完成这一步，我想强调一下你刚刚制订的改变目标之间的区别：具体目标和人生目标。具体目标回答的问题诸如此类："我需要完成什么才能达到我想要的目标？"（"减少饮酒"或者"去读研究生"）；"什么样的改变会让我更接近我想要的样子？"（"停止对我的伴侣发脾气"或者"探索与我丈夫之间的新关系"）。那么，为什么努力改变是值得的？ 因为它们服务于你的人生目标。这些全球性的、有组织的目标为你的生命提供方向、意义、目标和满足感。人生目标反映了你的核心价值观（尽管你可能还没有明确表达），也是以下问题的答案：

1. "我想要的生活是什么样的？"
2. "我最想为自己实现或者创造什么？"
3. "当我描绘我渴望的生活时，它是什么样的？"

为了帮助你抓住改变的最重要原因，我请你首先确定并描述实现改变目标之后更接近的人生目标。首先，为了将你的核心价值观放在首位，请再次阅读你在第六章中对"最重要的价值观"的回应。其次，想象一下五年后，你的生活正是你想要的样子。尝试尽可能清晰和详细地描绘事物，并问自己："我的生活是什么样的，不仅仅是与我想要做出的改变有关，而是整体上如何？"在你写完之后，请大声朗读，并聆听自己。

在日记中写下你的答案之前,请参考你的五位陪伴者对他们人生目标的描述。

....

我想要的生活是什么样的?

亚力克

我看到五年后的生活与现在的生活大体相同,只是品质不同。我拥有了我想要的一切,但我却无法像以前那样享受生活。我和温迪、简(嗯,她快 16 岁了,所以我想我最好趁早和她一起享受这些快乐时光)以及我们的朋友在一起时会更开心。我和温迪像以前一样聊天,开玩笑。我想象自己坐在我的科迈罗里,敞篷车看起来很棒。我也看起来不错——处于最佳状态。我仍然努力工作,做着一个销售需要做的事情,也许会承担更多的监督责任,但不会让它占据我的生活。

芭芭拉

尽管我不确定自己会做什么,但我可以想象自己从事具有挑战性和成就感的工作,拥有一群令人振奋的同事,包括我的一些新朋友,会是怎样的感觉。如果我真的让自己梦想成真,我和斯蒂夫一起发现了新的相处方式,我们再次相爱了。我们每天都期待着下班后的见面,更加亲密,也相互包容。谁知道呢,也许到那时我们都有孙子、孙女了。

科林

我想象中的是这样的:保罗和我结婚了。我们在一起比以前更幸福。他对我有了更深的了解,我感到更加被接纳和被满足。他和我在一起感到安全,不再担心我的脾气。我还在工作,但我也有更多时间投入自己的艺术创作中,因为我们不再浪费时间和精力争吵。也许我会有一个工作室,在画廊展示我的作品。保罗和我一起旅行;至少我们会去希腊,这是我们一直都想去的地方。也许我们会去度蜜月。

达娜

我想着自己在完成硕士学位和实习后从事一份教学工作。我可以在五年内做到这一点。我仍然对自己每天所做的事情感到兴奋。当我回到家已经很累了,但是我还是花很多时间来备课,并想办法让学生对学习保持兴趣。我在研究生院认识了一群新朋友,但我也有老朋友。我的家人会为我感到骄傲,我也会为我自己感到骄傲。我会研究和探索教育的诸多领域,成长将永无止境。我的前途一片光明。

艾莉

我希望我的生活在各方面都更加充实。五年后,我会变得更瘦、更有活力、更健康,自我感觉也更好。我和吉尔比以往任何时候都更亲密,孩子们也都过得很好。可能我在家庭聚会时不会再做那么多工作了,也许我会让别人来主导!但我正在做更多的社交活动,更多地外出,更多地欢笑。我想象自己变得更轻松(这个词的两个含义,更轻、更轻松)。我想更加感谢上帝赐予我的生命。

为什么改变

现在,除了思考想要做出的改变之外,你还反思了自己的最终目标。那么,请问问自己:"我做出这些改变的最重要原因是什么?"

再次,首先考虑你同伴的改变原因,如下所示。然后在日记中的改变计划记录中写下你自己的原因,大声朗读你的回答,并聆听自己,思考你已确定的原因。

为什么我想要做这些改变?

亚力克

我想做出这些改变,因为我并没有从生活中得到我能得到的一切,我想要更多。我值得享受我努力工作所得到的一切,我想要感觉良好、强壮、被爱和成功。温迪也值得得到更多,简也是。她们值得拥有一个好丈夫,一个好父亲,我有能力成为那样的人。我不想成为他们所说的"在临终前说'我希望我能花更多时间在工作上'的"那种人。

芭芭拉

因为我必须充满激情地生活,我想继续和斯蒂夫分享我的生活。我对生活和他人有太多的奉献,还有太多的成长、学习和爱的潜力。这一切都是可以控制的,所以我必须冒着失去安全和舒适的风险,去追求更具挑战性、更令人兴奋、更有价值的东西。

科林

我找到了生活中并非每个人都能得到的东西：灵魂伴侣。我想珍惜这份礼物，滋养它，这样我们双方都能感受到我们想让彼此感受到的。我知道我现在可以做到这一点，因为一个具有创造力和爱心的人，才是真正的我。

达娜

最重要的原因是，这是我必须做的事情，用来实现我的更高目标，引导和实现我的人生。教学是我的使命，也是我能为自己和这个世界做的最好的事情。一旦我的家人看到这对我意味着什么以及我的能力，我知道他们会支持我的。

艾莉

生命不是永恒的，如果我现在放弃了，我将不会有更多的机会。这样做会让我和吉尔都更快乐。我想这也是上帝对我的期望。

改变的步骤

为实现改变目标而采取的步骤将是改变计划的核心。一般来说，最有可能成功实现改变的策略就是那些看似具有挑战性但切实可行的策略。

就像我们之前看到的，成功或者失败的经验对于改变的信心影响最大。最开始选择成功可能性较高的行动可以为将来完成更难的步骤积累信心打下良好的基础。与此同时，完成更具挑战性的行动会给你带来更大的满足感,掌握挑战是增强自我效能的有效方法。

如果你不确定如何衡量适合自己的难度等级,该怎样办?答案取决于你第一次尝试做某件事时,结果却不如你所愿,你如何反应。对有些人来说,这是一个需要加倍努力的信号,拒绝接受否定的答案。如果你就是这样的人,那就继续努力,承担更多你确定能做到的事情。另一方面,如果你更容易感到沮丧和失去动力,或者你一开始就信心不足,又对现在这个正在考虑的步骤还不确定有多可行的话,那么就考虑迈出一小步。当你开始迈出第一步时,避免负担过重是很重要的,如果你意识到有些事情比你预期的更容易做到,你还是可以随时增加挑战难度的。

因为每个人在制订计划中的这一部分时,需要多少帮助或者想要多少帮助是有很大差异的。我在本章节为此组织了一系列活动。只要你确定自己所采取的行动会成功实现改变,并信心满满,你就可以跳到本节末尾并完成改变计划中"我将采取的步骤"这个部分。当然,你可能会意识到,你对如何实现制订的一个目标很有把握,但对如何实现另一个目标却不太确定。这种情况下,你可以选择只针对你不确定的那些目标完成这个序列后面的一些活动。

你已经考虑过什么步骤?

首先要从你已经做过的思考开始。到现在为止,你可能已经在头脑中尝试过不同的策略,甚至实践过其中一些改变策略。因此,对于你的每一个改变目标,请问问自己"我已经考虑过采取什么步骤?"

在你的日记中写下你的步骤之前,请参考五位陪伴者已经考虑过的步骤(如下所示)。

· ·

我已经想过做什么？

亚力克

> 1. 最近我开始有意识地减少不必要的晚归。上周某个晚上，明明没有特别安排，我自然而然地选择了早点回家——这在过去几乎不会发生。令我惊喜的是，温迪对我的改变很开心。
>
> 2. 在聚会气氛达到轻松愉悦时就主动停下，不再执着于最后那一两杯。
>
> 3. 我想过去试试附近新开的健身房。虽然我有一家健身房的会员卡，但我不喜欢那儿的氛围，所以从来没有用过。这家健身房的费用更高，或许能激励我运动。

芭芭拉

> 1. 我想过用不同的方法多陪陪我丈夫，也许可以找到一个我们可以分享的新爱好或活动。
>
> 2. 我想过我到底想要从事什么样的职业，但我觉得现在回去完成法学院的学业已经太晚了。我确实跟一个朋友聊过，她在孩子长大后才开始读研究生，她能做到这些，我很受鼓舞。我上网查过几次，看看不同学校的继续教育项目，但我还没有找到真正吸引我的东西。

科林

> 我一直在想，我需要更好地认识到自己何时对某事感到不安，并探索如何用语言表达出来，甚至只是在这种感觉变得强烈之前让自己感觉不那么不安。这是一种不同的方法。同时，我对自己越来越有兴趣，我增加了让自己感觉良好的选项。这听起来很自私，但似乎有帮助。我已经注意到，我在保罗身边感觉更有耐心，更能听他说话了，但他还没有让我生气，所以我不知道这是不是足够了。

达娜

我知道自己要做什么,感觉就像我一直都知道一样,只是现在才决定这么做。

1. 我一直在考虑申请哪所学校,并且已经根据费用、地点和学校质量缩小了我的选择范围。我看过GRE考试的日程安排,我可能需要买一本考试练习册并开始准备起来。我想联系看起来很有前途的学校的院长,与他们谈谈我的兴趣以及他们的课程与我的匹配程度。我还要谈谈我继续兼职工作的可行性。我需要了解经济援助,尤其是学生贷款。我有一些存款,但是我想留点安全缓冲的余地。

2. 我一直在心里排练我要在哪里以及如何与父母谈论此事。

艾莉

1. 说实话,我不知道从哪里开始考虑减肥的事情。我是否要重新考虑节食? 我一个锻炼项目? 和我的医生聊一聊?

2. 我注意到自己不愿意接受帮助,并想过如果我接受帮助,或者甚至向别人寻求帮助会怎么样。我一直在努力说服自己一切都会好起来。

• •

你之前尝试过什么方法?

如果你以前曾尝试过什么来做出现在正在进行的改变,那么你过去的经验可以成为你当前计划的极好资源。(如果你从未尝试过什么来做出现在这种改变,那么请跳过这个活动,并继续下一个活动。)

你是否想知道"过去失败的经验是如何帮助我取得成功的",那么,问问你自己"我所说的'失败'是什么意思?"当人们试图改变自己行为、处境或模式,但最终并没有100%成功,他们常常将整个经历归结为失败并将其一笔勾销,即使他们可能已经取得了部分成功,并且可能从经验中学到很多东西。举个例子,实际上,一个多次戒烟失败的人在重新开始吸烟之前,可能有几天、几周甚至几个月是戒烟成功的。虽然最终结果令人失望,但在每天吸烟多年后,设法在一段时间内不吸烟是一项不小的成就,而回忆一下是什么帮助他做到这一点可以提供重要的线索,帮助他再次戒烟。

与此同时,改变无法持续的事实也提供了重要的信息。很多情况下,问题不在于人们使用的策略不管用或者无效,而是这些策略本身可能还不够。如果是这样的,制订一个更好的计划可能并不意味着抛弃你曾经尝试过的一切;它可能意味着找到"拼图中缺失的部分",并在计划中添加内容以填补这些空白。

考虑到这一点,请回想一下,当你试图做出一个改变时,问问自己:"是什么帮助我取得了进展?""当时我缺少什么,它可以帮助我走得更远?"

但是请先参考几位陪伴者的回忆,他们曾试图改变他们现在计划要改变的相同行为、处境或者模式,如下所示。然后,将你的答案写在日记中。

· ·

从过去的努力中学习如何做出改变

芭芭拉

> 这是我第一次面对这种类型的困境。我以前从来没有这样挣扎过。

1. 是什么帮助我取得了进展?

> 我没有取得任何进展。

2. 当时我缺少什么,它可以帮助我走得更远?

> 我了解到,感觉无法与那些亲密的朋友谈论我的感受,当涉及我正在努力挣扎的议题时,不敢对我的妹妹坦诚,这种感觉拖了后腿。

科林

> 有一段时间,我试图控制自己对保罗的愤怒,但没有成功。

1.是什么帮助我取得了进展?

> 我确实用过一些控制愤怒的策略,做得好一点了——深呼吸、走开。就像你说的,这些策略不是一无是处,只是还不够。

2.当时我缺少什么,它可以帮助我走得更远?

> 我缺少的是真正想要改变我表达愤怒的方式。那时候我"心不在焉",那样做根本行不通。

艾莉

> 我尝试过很多减肥方法和减肥计划。有一次,在我第一个孩子出生后,我和一群闺蜜去参加了一个女子减肥项目。

1.是什么帮助我取得了进展?

> 有一段时间我做得很好,比我的朋友们还要好。我认为和一群人在一起很有帮助,和她们在一起很有趣,而且我不再觉得自己在体重问题上那么孤单。我认为这也有助于建立一定的结构。

2.当时我缺少什么,它可以帮助我走得更远?

> 当我再次怀孕时,一切似乎都烟消云散了。我无法继续保持同样的饮食习惯,之后我再也没有恢复。那时我的朋友们也退出了,因为她们的恢复情况不够好,而我又不想一个人坚持。从时间上来说,参加会面也变得很困难。

你的成功和优势教会你什么？

你可以从经验中受益的另一个办法就是想想你在面对挑战的情境中所取得的成功以及你所具备的积极品质或者优势，它们帮助你应对了过去的困难时刻。当然，你已经在第五章的"我克服的一个艰巨挑战"和第三章的"你可能拥有的积极品质""当我的两个正向品质显露时"活动中做过这些。现在请回过头来阅读你对这些活动的回应，并在你已经写的内容的基础上，问问自己："我的成功和优势如何帮助我实现现在想要做出的改变？"

在你在日记中写下答案之前，请参考几位陪伴者的回答，如下所示。

• •

我的成功和优势如何帮助我做出改变？

亚力克

> 毫无疑问，重新规划我的生活需要一定的约束。比如，我必须更多地考虑安排一些事情，像给自己留些时间，而不是只是希望事情能发生。我知道我必须继续保持我学到的耐心，不要指望温迪能立竿见影。我必须给她时间去理解我正在做一些不太一样的事情。恢复体形也需要耐心和自律。

芭芭拉

> 回顾这些回复让我想起我与人相处得很好。我可以依靠我的社交技巧、与他人相处的灵活性和动力，特别是当我考虑新的职业时。有我的动力。就我的婚姻而言，我现在内心感觉不同了，也许作为一个女人，而不仅仅是一个妻子和母亲，我又更加自信了。这很令人兴奋，是的，因为我想以新的方式了解斯蒂夫，我想他也想以新的方式了解我。

科林

> 我一直专注于如何利用我的创造力走出困境并探索替代方案。这很好地提醒了我自己我可以多么有爱心，这对保罗来说意味着什么。这是我必须努力向他展示的一面。

艾莉

> 当我出于爱为他人做一些事情，甚至当每个人都受益时，我做得非常好。但是如果我只是为自己做或者人们的注意力都集中在我身上，我就会感到不舒服。我知道如果减肥减下来了，对我的家人也有好处，但不会持续太久，所以我担心自己会成为一个负担。我唯一能解决这个问题的方法就是让吉尔更多地参与进来。

头脑风暴

头脑风暴是一个想出各种新点子的方法，而这些想法我们可能以前不会想到。头脑风暴分两个阶段，每个阶段都运用不同类型的思维：发散思维和聚合思维。

发散思维是你在发挥创造力时的一种思维方式——不是寻找一个问题的唯一答案或者唯一解决办法，而是让你的思维自由驰骋，从不同的视角看待事物，探索尽可能多的想法，而不对你的想法限制或评判，从而产生各种选择。如果你的第一反应是"但我没有创造力"，那你就再想想吧。当然，艺术家、音乐家和其他通常被认为是"创意型"的人总是发散思维——通过尝试用不同的词语，来看看他们写的歌词听起来怎么样，或者画画，看一看，画一画，再画一画。但是，销售人员也会尝试不同的"推销"版本，教师会通过增减课程计划中的内容，来关注这对学生的学习有何影响,家长也会通过想出不同的方式来为他们成长中的孩子做出健康的食物。发散性思维的关键就在于给自己"犯错"的自由——让自己展示不同的可能性,而不必担心哪个是"对的"。允许自己推迟决定,哪些想法让你感到舒服以及哪些想法实际上可行,这会让你产生新的想法并建立意想不到的联系。

然后,一旦你有了各种可能性,就到了第二阶段,转向聚合思维,就像你在学校做多项选择题时所做的,试图将选项过滤,直到剩下正确答案。这种思维方式包括询问一些关键性问题,关于你确定的每个选项的可行性、可取性、实用性和成功可能性,这样你可以选择一个最适合你的选项。

为了帮助你入门,以下是针对头脑风暴过程的"发散"阶段的一些指导原则。

1. 给自己一点时间让自己放松并理清思绪。然后开始写下你能想到的每一个有助于你计划改变的想法。不要忽略任何一个想法,不管它看起来多么不切实际甚至荒谬。希望有一根魔法棒来改变一切?写下来!想想某人需要帮忙但你认为他们不会帮忙的事情,也把它写下来。

2. 搜索你曾经听过、读过或者看过其他人尝试过的改变方式。过去人们提出过哪些你忽略或拒绝的建议?也把它们写下来。(请记住,你目前还没有承诺要做任何这些事情。)

3. 想想你想要改变的行为、处境和模式,或者解决它的其他策略。在你的计划中,是否有一些网站或书籍是你想要查阅的?是否有什么人,无论是具有特殊专业知识的人,还是你信任其判断力的人,你可能想向他们寻求建议、信息或指导?

4. 坚持不懈:当你认为你已经想过所有的一切了,请再想一想。阅读你已经写下来的想法,看看你是否可以从不同的视角来处理它们。一直继续下去,直到你再也想不出任何其他东西了。

在你进行自己的头脑风暴之前,请先看一下这几位陪伴者所想到的,如下所示,然后把你的想法写在你的日记本上。

•••

头脑风暴

亚力克

1. 每周至少两次,当我回家时,温迪都会面带微笑地等着我,为我们准备一顿丰盛的晚餐和一瓶葡萄酒,我们将度过一个美好的夜晚!

2. 至少有一个周末的晚上,我们和朋友们一起去看一场比赛,然后一起去酒吧或在家附近闲逛。

3. 我们像以前一样,夏天组织家庭度假,这样我就可以放松一下,看着孩子们一起玩耍,而且如果我偶尔有一个不得不接的工作电话,也没有人抱怨。

4. 我可以我一个私人教练。

5. 我计划跟简共度一段真正美好的时光,这样我就不必为此感到内疚,也不会感觉自己错过了什么。

6. 也许我们可以两个人一起加入那个新的健身房,简和我一起锻炼,也许温迪也想加入。

7. 在工作日的晚上,我偶尔才喝一次酒。

8. 我可能会在早上去健身房,这会激励我晚上早点睡觉。这也许能让我感觉更好,工作时也更有效率。

9. 我跟我的朋友聊了聊他是如何完全戒酒的,尽管我并不打算戒酒,只是想看看他有什么好的建议。

10. 我在想如果办公室里有带淋浴的健身房,那该有多方便,可以节省很多时间。

11. 我想知道有些客户是否更喜欢午餐会议，而不是在酒吧谈生意。

12. 我很想找一群修车的人。

13. 不久前，温迪和简问我们是不是可以在房子上加建一个室内游泳池和聚会区，这样我们就可以做更多的娱乐活动了。

14. 跟那些像我姐夫一样提前退休的人聊聊，看看我是否能负担得起，然后开自己的公司。

15. 清理地下室，把它装修好，然后把它的一个角落改造成一个迷你健身房，里面有一台巨大的等离子电视。

16. 在另一侧加一张台球桌和一个迷你吧台，最后把那个游戏室装修好，就像我们谈论了多年的那样。

芭芭拉

1. 和斯蒂夫一起去那些度假胜地度过一个长长的周末，让我们的婚姻焕发活力。我们一起去以色列旅行，在那里一起上交际舞课。我们一起去欧洲某个度假村，一起学习一项体育运动，或者尝试他一直想尝试的事情，比如一起参加异国情调的烹饪课或者品酒会？和他一起去剧院或者听讲座。

2. 去见那些中年后期才开始职业生涯的女性。去听不同领域的演讲，看看其中是否有让我兴奋的演讲。去水疗中心或者去做冥想静修，与自己有更多联结。如果现在完成法学院的学习还不算太晚呢？我可以去以前的法学院看看，我喜欢的教授是否还在那里教书。我可以邀请其中一位教授一起共用午餐；去换一个新发型；去买一些职业装，而不是妈妈衫；可能还要找一个人生教练。跟闺蜜、妹妹聊天肯定会对这两方面都有所帮助。

科林

我想象我们走到一起,相互袒露心声——一切,包括我们内心深处的不安全感、挫败感、欲望等,就像二十世纪六十年代的相遇小组一样。有人告诉我,生气的时候要我个出气筒来发泄愤怒。我在一些地方读到过,有矛盾的夫妻应该一起练跆拳道——据说这会让我拥有更多良好的自我控制能力,也会让保罗更能理解我。我考虑过夫妻治疗,以便更深入地了解彼此,而不是解决我的"愤怒问题"。收集一些有共鸣的文摘、图片、歌曲和诗歌,并把它们贴在我周围,就像我学法语时用的那些便利贴一样,用来提醒我要多注意我的感受,尤其是在我心烦意乱的时候。创作自己的艺术作品非常重要,所以我在想象那个新的工作室空间,练习将我的深层情感用文字表达出来,而不仅仅是用我的艺术品表达出来。了解保罗的内心世界,尤其是他受伤的部分,并以此为背景画一幅画,甚至设计我们家的一部分,作为提醒和一个新的开始。自愿为当地一家虐待受害者庇护所做艺术品。练习瑜伽,每周按摩一次。把这些改变告诉我们最亲密的朋友。更直接地向保罗寻求我需要的理解和被接纳,这对我很重要。总的来说对他更坦诚。参加冥想课,进行分析;像《阿甘正传》里的阿甘一样跑遍全国。

艾莉

与吉尔坦诚沟通我的需求,争取他的理解与支持;同时让全家人知晓我需要他们的帮助来完成这个持久性的改变。重新规划厨房的食物储存,营造更健康的饮食氛围。考虑参加为期一个月的"减肥营",并尝试邀请朋友同行(虽然这个想法让我有些忐忑)。去做胃缝合手术。每天去教堂,多祈祷。去参加一个女子水中有氧运动班。注册线上减肥观察者社群。尝试外卖配送项目来增加日常活动量。参加暴食者匿名会。参加电视减肥大赛这。给我的下巴打上钢丝!吃减肥药!像我的女儿一样成为一个素食主义者。

243

　　这里还有一个提示，可以帮助你汲取井中的每一滴水。再想象一下五年后，你的生活正是你所希望的那样。现在问问自己这些问题："我是如何走到这一步的？我必须完成什么？我采取了哪些步骤，为什么这些步骤有效？"

　　在你回答和记录你的想法之前，请参考几位陪伴者的回应，如下所示。

从理想未来往回看

亚力克

> 　　我所要做的就是让温迪、简和我自己都开心快乐。我最终对我的时间分配设定了严格的限制。我计划每周都安排时间陪家人，这样他们就不会感觉被冷落，但是我仍然能把工作放在首位，甚至还获得了升职。我学到的一部分是，更好地照顾自己的身体可以让我在工作中更有效率。所以我减少了饮酒量，开始锻炼身体。我花更多时间与温迪独处，我们两个都觉得我们得到了我们需要的东西。起初我必须耐心等待，因为她对我们之间联系不紧密的那段时间有些怨恨。我坚持了下来，确保我们每周都过得轻松、愉快。我花了更多时间与简在一起，却发现她并不那么需要我给她更多，但是那些高品质的时间是很重要的，我保护着它们，所以她就知道她对我来说有多重要。

芭芭拉

> 　　我回到我以前的大学，查看了他们的研究生课程。我和那些后来取得成功的女性交谈，发现我也可以做到，而我也确实做到了。我回到了法学院。现在我正处于事业的上升期。当我有疑虑的时候，我会和其他女性聊一聊，她们和我分享了她们的奋斗经验，让我很受鼓舞，继续前进。现在我的婚姻非常牢固。我鼓起勇气告诉斯蒂夫我的感

受。他完全不知道，一开始他不知所措。我不得不放慢脚步，多听听他的想法。我们彼此冒了一些风险，一起度过了一段独处的时光后，发现我们的关系还有进一步发展的空间。我对此也有一些怀疑，但我有朋友和妹妹支持我。

科林

走到今天这一步，我付出了巨大的努力——其中最重要的，是愿意直面自己的内心，做出改变，更全面地向保罗敞开心扉，也更深地了解他、欣赏他、爱他。我的改变方式往往是间接的，而非直截了当。我在学习用更健康的方式表达愤怒，而我们共同做出的其他调整，也让我逐渐减少了情绪爆发，转而更关注如何改善我们的相处模式，让保罗感到安全。这种安全感带来了良性循环：他越感到安全，我就越能理解他；我们的关系越稳固，我就越敢于分享真实的感受；而我的坦诚，又让他感到更安心，让我也感受到更多接纳……这是一个温暖的双向滋养。当然，我依然在练习：当情绪波动时，先关注自己的需求，确保重要的感受得到表达——但避免攻击性。现在，当愤怒来袭，我会给自己一个停顿，不急于反应，而是思考此刻什么真正重要。这样的转变让我明白，曾经的发泄方式不仅伤害了我们的关系，也从未真正解决过问题。

艾莉

这并不容易。我让身边的人都来帮助我。我努力控制饮食，并增加了锻炼，其中有一些锻炼方式还很有趣。我有一群和我同时减肥的朋友，她们真的非常好，我们彼此支持。当我感到沮丧、偷懒或者想要放弃的时候，我必须告诉他人，尤其是吉尔。这真的很难做到。我经常祈祷，向上帝寻求帮助。

现在你已经收集了很多集思广益的想法，是时候进入到流程的"聚合"阶段了。评估你的选择并决定哪些选项会被纳入到你的改变计划中去。在进行评估时，请问问自己以下问题：

1.这一步有多大可能奏效？

2.我将其付诸行动是否切实可行？

3.这样做有什么缺点吗？如果有，那么潜在的优势能胜过它吗？

4.它与我处理生活和在世上前行的方式有多契合？（改变计划中最好的部分就是那些你感觉最适合你的部分。）

在回顾你所写的内容时，如果某些想法看似"天马行空"或不符合常规，却仍对你有一定吸引力，请不要急于否定它们。在我帮助人们为相同问题制定改变计划的过程中，我发现一个有趣的现象：有些人认为某些解决方案过于另类、难以成功，甚至不够严谨，但对提出这些方案的人来说，它们却可能极其有效。请记住，你所列出的步骤并非不可调整。最坏的情况无非是这个想法最终被证明不可行，你选择放弃它；但另一方面，你也许会惊喜地发现，这些看似不寻常的提议，恰恰是最适合你的解决方案。

几年前，我遇到一位年轻女士，她渴望拥有好身材，却对传统锻炼方式十分抗拒。她坦言，健身房和团体课程让她浑身不自在，跑步对她来说枯燥乏味，而运动细胞匮乏更让她望而却步。于是我问道："那你平时喜欢做什么呢？""跳舞！"她的眼睛瞬间亮了起来，随即热情洋溢地描述起对音乐的痴迷、跟随节奏自由舞动的快感，以及那种全身心投入的忘我状态……还没等我回应，她突然恍然大悟般望着我说："其实我完全可以在家跳舞啊！就我自己，关起门来跳，不用在意别人的眼光——这不算'锻炼'，但照样能让我动起来，对不对？"几个月后，她欣喜地告诉我，她依然坚持在跳舞，而且感觉很棒。

我将要采取的步骤

请将所有目标逐一列出,并为每个目标配套制定可操作的执行方案,务必注明各项步骤的预计实施时间。在拟定个人改变计划前,请先参考以下五位陪伴者已确定的行动计划(详见附件)。最后,请将你完整的改变计划系统性地记录在个人日记本中。

• •

我将采取什么步骤来做出改变?

亚力克

为了让我的生活恢复平衡,我会做以下三件事:

一、和温迪相处得更好——再次携手同心。

1. 从本周开始,我将提前做好计划,在大多数工作日的晚上早点回家。

2. 本周我要告诉温迪,我希望每周至少有一个晚上可以单独相处,并且每周有一个晚上可以和朋友一起制订计划。

3. 我们在一起度过的第一个晚上,我要和她谈谈如何互相尊重。我要告诉她,我意识到,对我喝酒和晚回家不予理睬是一种不尊重,我觉得她在和我谈论这件事时应该更尊重我。

二、外出见客户时,减少饮酒。

1. 本周,当我外出见客户时,我会小口喝酒,至少在晚上不喝最后一杯。

2. 我会在工作时和吉姆谈谈他是怎么戒酒的。我不确定自己多久能做到,但我想问问他是否想喝咖啡。

三、抽出时间来做我喜欢的事情,比如恢复形体和修理我的汽车。

1. 下周末我要去我们这边新开的健身房看看。我也会和温迪、简谈谈,看看他们是不是有可能和我一起去。我会告诉他们原因。

2. 我想我会等一会儿再修理我的汽车。现在看起来做得已经足够了。

芭芭拉

一、重新认识我的丈夫,看看我们能做些什么。

1. 我会和斯蒂夫谈谈一起度过更多美好的时光。我会告诉他我怀念我们之间的亲密时光,我觉得我们已经很久没有在一起了。我不认为他会因此感到有威胁。我想让它听上去更像是一个欢迎的邀请。我会在下周末做这件事。

2. 如果他反应良好,我会告诉他我想要周末出去用晚餐。晚餐时,我会告诉他一起做一些新的事情,作为第一步。

3. 如果一切顺利,我会和他好好谈谈,告诉他我一直以来的感受,我有多想和他分享。我现在还不能确切地说我什么时候会准备好这么做。

二、重新进入职场,有一份事业!

1. 本周,我会研究需要做什么来完成法学院的学习。

2. 我会找到那些在我这个年纪重新开始职业生涯的女性,问问她们遇到的挑战,她们这样做是不是开心。这可能需要几周时间。

3. 我会告诉斯蒂夫我计划去一趟法学院,问问他对此有何看法。我很确定他会鼓励我,尤其是当他看到我的兴奋和恐惧时。

4. 我会和我的妹妹、朋友、家人聊一聊我从访问法学院中了解到的情况。

科林

停止对保罗发脾气。我到创造性的方法来改变我表达愤怒的方式。

学习更好地跟保罗沟通让我心烦意乱的事情。

1. 从现在开始,我将通过深呼吸来减少我的即时反应,如果我不能冷静下来,我就走开一会儿,而不是乱发脾气。

2. 从现在开始,我将搜集一些名言、图片、歌曲和诗歌,把它们放在我身边来提醒我更多地关注我的感受,尤其是当我心烦意乱的时候。

3. 我要去参加冥想课程,因为我需要更多技巧来安抚自己。

4. 我要花更多时间在自己的艺术创作上。我会告诉保罗,我想每个周末花几个小时在我自己的艺术项目上。

5. 我要开始为我的工作室找地方。我不确定是想在家里创作,还是在别的地方租一个小空间,所以我需要去研究一下。

6. 我会练习用语言表达我所有的感受。我不确定我是否需要帮助。我可能会考虑找一个治疗师。

7. 我想让保罗跟我谈谈,当我对他生气的时候,他感觉最糟糕的时刻。这件事我要暂缓一下,因为我现在很难不自我防御,我不想这样。

8. 一旦我们开始真正的对话,我会画一幅画来描述我所了解的保罗。

达娜

一、去读研究生,然后当老师。

1. 联系我准备申请的三所学校的院长,跟他们谈谈我的兴趣以及他们的课程是否适合我。同时询问他们在我参加课程期间是否可做兼职。我今天就发邮件。

2. 本周就跟那些学校的财政援助公司联系,看看是不是有可申请的补助。同时在网上看看有关学生贷款的信息。

3. 本周买一本GRE实战考试练习册,开始准备参加这个考试。

4. 完成这些意向学校的申请。

5. 联系我的大学,了解如何在申请后将成绩单寄到我申请的学校去。

二、像成年人一样跟我的父母对话,诚实地告诉他们我想做什么。

1. 打电话给我妈,告诉他们我想带她和爸爸去我们最喜欢的餐厅吃饭,因为我想和他们讨论一些事情。在我收集了所有需要的信息,以便能够与他们讨论我正在做的事情之后,我就做这件事。

2. 在晚餐时告诉他们我的决定。他们可能会很惊讶,我可能不得不解释我是怎么做出这个决定的,以及为什么这个决定对我来说是正确的。但是在听我说了这么多之后,他们甚至可能已经预料到了。不管怎么样,我都会做好准备。

3. 以一种令人放心的方式来谈论财务方面的问题,确切地解释我会如何处理好它。

艾莉

> 恢复到怀孕前的体重。
>
> 在需要帮助时，学会让别人帮助我。
>
> 1. 第一步是和吉尔谈谈，跟他解释，这一次我想尝试不同的方式来减肥，这对我来说意义重大，我真的需要他的支持。
>
> 2. 我想请一些朋友帮助我。我会在教堂张贴传单，为了任何想要减肥的女性成立一个女性支持小组，这些女性至少超重20磅（我不想和那些自认为超重但是却没有的瘦子们在一起！），我会负责组织这个活动，但是我们会一起领导。我们会彼此帮助。
>
> 3. 我会研究体重管理机构等地方，看看哪些是最有效的减肥计划。
>
> 4. 我要用健康的零食代替我的安慰食物。
>
> 5. 我会更多地祈祷这件事，马上就开始。我将祈求上帝的帮助和指引，让我更好地跟吉尔以及我生活中的其他人交谈。
>
> 6. 我会和我的医生预约，做一个体检（我可能已经过了体检时间了），并问问什么样的锻炼对我来说是安全的。我本周会打这个预约电话，但他可能最近几周都没时间见我。

•••

此时，改变之路似乎非常清晰，你可能对自己提出的策略充满信心。不过，如果你觉得自己已经有了一个良好的开端，但仍需要为这个难题添加更多内容，或者甚至你还怀疑自己提出的方法不够有效，不用担心。改变计划还有两个组成部分需要完成，这两个部分可能会决定一个改变计划是摇摇欲坠，还是坚不可摧。

支持来源

正如我们在第一篇中看到的，我们生命中的人可以发挥重要的积极作用，支持我们朝着改变的目标迈进。然而，他们有时候也可能让我们陷入困境，不管出发点有多好。我写这一节的目的是帮助你确定哪些是真正有建设性支持的帮助，并决定谁才是愿意并且有能力提供这种支持的人。

人们支持我们努力改变的最有力的方式之一就是相信我们自身有能力实现它。关于自我实现预言的研究一再表明，他人对我们表现的积极期待会影响我们成功的可能性。这"皮格马利翁效应"存在于学校儿童和他们的老师之间、大公司的雇员和他们的经理之间以及接受专业咨询的来访者和他们的治疗师之间。（"皮格马利翁效应"是由心理学家罗伯特·罗森塔尔根据希腊神话命名的。在这个神话故事中，一位艺术家爱上了自己雕刻的一位美丽女人的雕像，并因此使雕塑栩栩如生。[1]）举例来说，当一个酒精康复项目顾问（而不是其他人）被告知所有参加项目的来访者都已经接受了一个测试，来确定他们康复潜力。某些特定的来访者有"较高的酒精康复潜力（HARP, high alcohol recovery potential）"。顾问们不仅后来将这些来访者评为更有改变的动力，而且这些来访者在改变饮酒习惯方面比项目中的其他来访者更为成功——即使这个测试是假的，HARP来访者与其他来访者之间的唯一区别就在于咨询师认为HARP来访者有更大的康复潜力。[2]

他人对我们的期待是如何影响我们的行为的？至少有两种方式。

---

1 Rosenthal, R., Jacobson, L. (1968). Pygmalion in the classroom. New York: Holt, Rinehart & Winston.

2 Leake, G.J., & King, A.S. (1997). Effect of counselor expectations on alcoholic recovery. Alcohol Health and Research World, 11, 16-22.

那些期待我们成功的人往往以一种不易察觉的方式对待我们：他们更关注我们，给予我们温暖和鼓励。同时，他们也会提出更多问题，提供更多机会来帮助我们实现他们的期望。他们传递给我们的希望和信念反过来激励我们，增强了我们对自己能力的信心以及我们对成功的信心。

不幸的是，研究还表明，相反的情况也可能发生——当我们亲近的人期望我们失败时，他们对待我们的方式以及我们从他们那里得到的信息可能会导致信心下降，失败的可能性更大。（这被称为"魔像效应"。它源自一个神话故事，其中的怪物因接受了周围的负面期待而变得邪恶。）因此，在努力促成改变的过程中，当你决定选择向谁寻求支持时，重要的是选择你确定其相信你并愿意为你提供你所希望的耐心、关心和帮助的人。

在决定向谁寻求支持时，需要考虑的另一件重要事情是你希望获得什么样的支持。每个人认为有用的帮助是差异很大的。有一些人能够做到最好，是因为他们知道，在谈论他们正在做的事情和他们遇到的任何困难时，那些他们能与之谈论的支持者只是聆听，不会评判他们，也不会主动鼓励他们；另一些人想要更加积极的支持：那些能够提供建议、指出过错或者以其他方式给予指导的人；还有一些人不喜欢谈论他们正在做的改变，他们想要的就是有那么一个人始终在那里，只在他们需要帮忙或者提供一些实际帮助时，能够出手，也不会花很多时间来问为什么需要帮助。

和你的改变计划的其他方面一样，没有什么"正确"的方法来利用他人的支持。重要的是，你自己要清楚什么样的支持对你有帮助，以及谁能给你提供这种支持。

牢记这个指导原则，现在请想一想你生命中的他人，问问自己："我可以向谁寻求支持？""他们如何支持我？"如果一开始你还不确定，有个方法可以帮到你，那就是回到五年后的生活画面，问问自己："谁帮助了我？他们是如何帮助我的？"

请把你确定下来的支持记录在日记中的改变计划表中，记录之前，请参考五位陪伴者的支持，如下所示。

对于改变的支持

亚力克

我可以向谁寻求 支持？	他们如何支持我？
温迪？	我不是一个喜欢"支持"别人的人。如果温迪能意识到我正在努力，并且表现出一些耐心，就会很有帮助。比如理解我是否依然有几个晚上需要晚点回家。
简？	我不想依赖简——我更想陪伴她。
我工作中的好友吉姆	不过，吉姆——他是一个好人，我尊重他，也许多听听他的经历以及他如何做出巨大改变的感受，对我有好处。

芭芭拉

我可以向谁寻求支持？	他们如何支持我？
当然是我妹妹	有妹妹成为我的知己和啦啦队长，感觉真是太棒了。一旦我开始与她分享我的决定，我想我们的关系就会恢复正常，这会让我松一口气。
也许是几个亲密的朋友	我的一位朋友尤其能理解这个年纪重新开启职业生涯是什么滋味。我知道她会增强我的信心，她可能也会给我一些很实用的建议。
我希望是斯蒂夫	我知道斯蒂夫会支持我重返工作岗位，而且我会得到我所需要的经济资源。我希望他能和我一样渴望重新联结。

科林

我可以向谁寻求支持？	他们如何支持我？
当然是保罗	保持耐心和理解，尤其是当我犯错的时候。
可能是一个治疗师	如果我找到一位治疗师，我不仅希望他是一位好的倾听者，而且还希望他可以指出我的错误并帮助我重新思考我正在做的事情。

续表

我可以向谁寻求支持？	他们如何支持我？
我们的两个最亲密的朋友，朱迪和丹	事实上，这正是朱迪很擅长的事情。我在想我是否可以跟她谈谈我正在思考的所有这些事情，看看她是否认为我走在正确的道路上——这是一种现实的检验。

达娜

我可以向谁寻求支持？	他们如何支持我？
我的家人	如果父母告诉我，他们相信我并且认为这对我来说是一个很好的发展方向，那就太棒了。
我的朋友	我知道当我告诉朋友们我正在做什么时，他们会为我激动的，他们中的一些人一直在说我低估了自己，我迫不及待地想看到他们的表情。
我的精神社区	我的精神社区是一个让我重获活力、感到平静的地方。最近我有点疏远他们——是时候回到他们身边了。

艾莉

我可以向谁寻求支持？	他们如何支持我？
吉尔	吉尔能给我的最好支持就是像他曾经帮助我登上那架飞机时那样。这让我觉得我可以做到，而且我并不孤单。我希望他在这件事上也可以这样做。
可能还有我的孩子们	如果我的孩子们能够接受在家里少吃一些垃圾食品，尤其是我喜欢的食物，那会有很大帮助。吉尔也是如此。
我的大家庭	我可以跟我的妹妹谈一谈，让她不要说"来吧，尝一点；只吃一点点，不会怎么样的。"

障碍以及如何克服它们

在将计划付诸实践之前,最后一步就是预料在执行过程中可能出现的挑战,并准备好对策。

为什么要准备好问题的出现,而不是只希望它们一切顺利呢？简单的答案是:安全总比后悔好。但更彻底的答案是:如果你已经考虑过如何应对新挑战,那么处理它们就会容易得多。

从定义上来说,迈向改变的步伐会让你走出舒适区,进入陌生的领域里。在这种情况下,你不能像你以前一样依赖你的"直觉"——这实际上是你在类似情境下反复做出的反应,已经成为你的"第二天性"了。事实上,你的直觉很可能会告诉你以你试图改变的方式去行事,因为你以前已经做过很多次了。打个比方,这就是为什么人们努力戒烟(或者戒酒,或者避免冲突而不是采取果断行动)并取得一些成功之后,感觉到努力改变的压力很大,他们开始思考:"我需要休息一下,所以也许就只是这一次抽根烟、喝一杯啤酒、让别人凌驾于我的愿望之上……"

如果你被迫当场决定如何应对意想不到的障碍,那么你就不得不在应对压力带来的不利影响和处理其他问题的情形下去解决问题。在这种情况下,你不太可能想出最佳对策,你可能想出一些可行的、不可行的办法,甚至什么都没想到,而最熟悉的行为是有强大吸引力的(因此也是最容易做的),难以拒绝。

因此,请你回顾一下你计划要采取的步骤,问问自己:"什么因素会让采取这些步骤变得具有挑战性？是什么因素让我很难执行这些步骤？什么因素可能会妨碍我已经制订的计划？"一旦你确定了你能想到的所有潜在挑战之后,问问自己:"我能够做些什么来克服这些挑战？"

请参考五位陪伴者所确定的障碍以及他们打算如何克服这些障碍,见表7-1。然后在你的改变计划记录表上写下你的答案。

表7-1　障碍和解决办法

亚力克

可能出现什么障碍?	我将如何克服这些障碍?
1.我可能会遇到一个特别能喝的客户,他特别看重大家一杯接一杯地点单,如果跟不上了,他就会注意到。	1.我们接待客户的酒保认识我好几年了,我可以请他在我的酒里掺点水,虽然那也不能从根本上解决问题。如果我跟温迪解释我正在做的事情,我想她可能理解我不能像希望的那样早点儿回家的事实。
2.我可能会发现我不能像以前那样锻炼了,或者我的医生可能会告诉我,我的身体状况不适合进行剧烈锻炼。	2.我可以慢慢开始,或者先练习游泳一段时间。
3.我可能连续几天都太累了,就没有去健身房。如果发生这种情况,我可能会想放弃。	3.我想,如果我让简来监督和鼓励我锻炼,她会很兴奋,即使她不想和我一起去锻炼。

芭芭拉

可能出现什么障碍?	我将如何克服这些障碍?
1.斯蒂夫可能不会对我与他重建联结的方式做出我希望的回应。	1.不要惊慌,也不要放弃。提醒自己,我们已经很久没有在各方面亲密接触了,而且他也没有像我一样考虑过这个问题,所以一开始这可能会让他感到困惑或受伤。这将帮助我保持耐心和理解,给他时间去接受。如果他还是没有回应,就让他去做婚姻咨询。最后,如果他不想要我想要的,我将不得不考虑结束我们的婚姻,只是做一对爱孩子的伴侣。想到这件事情我虽然很伤心,但不再那么恐惧了。
2.虽然他愿意尝试,但我却无法激起他的热情。	2.希望得到指导,以便在婚后恢复性生活。如果我们没有取得进展,请考虑性治疗。我不确定他是否会接受。最终结果,和第一条一样。
3.重返法学院可能会超出我的掌控能力。	3.重新开始,继续寻找另一个方向。我不会放弃我自己的。

科林

可能出现什么障碍?	我将如何克服这些障碍?
1.深呼吸和离开可能也不足以阻止我发脾气。	1.做更多研究找到其他我能用的技术。快速开始学习冥想。
2.我可能很快就生气了,甚至在我意识到这一点之前就大喊大叫。	2.这对我很难。我唯一能想到的就是,保罗能否接受我努力后仍会遇到挫折。如果我事先跟他谈谈此事,他可能会帮助我。
3.更加频繁地告诉保罗我的感受,可能比我想象的要难。	3.这对于治疗来说是一件好事。也许我不应该只是考虑它,而应该现在就开始寻找一位治疗师。
4.我对保罗的一些怨恨可能会再次出现。	4.这个吓到我了。也许,当我对保罗的感情有了深刻认识后,不断重读我所写的内容会有所帮助,直到不再有这种风险。

达娜

可能出现什么障碍?	我将如何克服这些障碍?
1.我申请的所有项目都没能成功。	1.申请更多的。
2.他们不给我提供经济援助。	2.我可以找一份兼职工作,或者上夜校且白天全职工作。
3.当我告诉父母我要做什么时,他们很生气。	3.我认为他们不会。但是如果他们真的生气了,我必须保持冷静且坚定。不大喊大叫,依然爱他们。

艾莉

可能出现什么障碍?	我将如何克服这些障碍?
1.可能没人想要参加我的支持小组。	1.我想我可以尝试参加一个现成的减肥小组。
2.如果我的体重没有下降,我可能会灰心。	2.我需要吉尔真正鼓励我继续下去,即使在我没有取得明显的进步,或者很痛苦的情况下。

可能出现什么障碍?	我将如何克服这些障碍?
3. 我可能会被邀请参加强制性工作午餐,并有非常诱人的食物摆在我面前。	3. 我可以少吃一点饭菜,或者可以先享受这顿饭,然后恢复我的正常减肥餐。
4. 我们可能有家庭活动、假期或节日,打乱我的训练计划。	4. 我得在出发前做好准备,告诉自己不要偷吃,也许可以自带食物。
5. 我可能会在锻炼时感到疲倦、生病或受伤,或者无法坚持下去。	5. 就这样继续下去,不要找借口。好起来之后马上回去。

对计划的承诺

如果你的计划按预期进行,那么你现在会在头脑中有一个清晰的认识:你的改变目标是什么,你将如何实现它们。最后一步就是确定你是否对自己制订的计划有信心,并准备好承诺执行该计划。因此,请大声朗读你在改变计划表中的所有回应,同时聆听你自己,然后问问自己"这是我要做的事情吗?"

以下是五位陪伴者对这个问题的回应。

- **亚力克**:"毫无疑问,它将使每个人的生活变得更好。"
- **芭芭拉**:"我感觉我又找回了我自己。这既可怕又令人兴奋,我感觉自己充满活力。我知道我走在正确的道路上。"
- **科林**:"是的,我迫不及待想要和保罗谈论这件事。"
- **达娜**:"我已经在做了! 感觉很棒。"
- **艾莉**:"我不知道我有多少信心,但我会尝试。"

如果你对这个问题的回答也是"是",那么你将把计划付诸实践。当人们决定要做并承诺去做时,改变的机会之窗就会打开。这扇窗会打开多久,因人而异——但是经验表明,一旦窗户打开,那些踏入其中的人最有可能抓住这股改变的势头。

展望

从第一章开始到现在,你和矛盾心理已经走了很长一段路了,现在即将采取行动。我希望,你已经完成了前前后后的活动,那样你会有一种成就感,因为解决矛盾并致力于改变并非易事。

同时,从另一个意义上来说,你也是刚刚开始。当你准备好开始迈出"第一步"时,千里之行也始于足下,我还是想要提醒你,无论你多么努力,多么深思熟虑,多么谨慎,你制订的计划很可能不会是你的最终计划。

事情可能会进展顺利,你只需要对计划进行一些小的调整。当然,这也是我对所有我试图帮助的人的祝愿。但是,你无法预料在执行计划过程中可能出现的所有障碍。一方面,生活可能会给你出其不意的打击,或者某些事情可能会让你措手不及。你会在改变的过程中学到一些东西,关于你如何到达你想去的地方的新点子可能会浮现在你脑海中。你不会现在就能想到这些,因为你还没有学到你需要知道的东西。另一方面,你也可能会发现你计划采取的一些步骤没有按预期发挥作用,或者你认为可以依赖的一些支持并不那么可靠。你也没有办法提前知道哪些步骤不给力或者哪些支持不可靠。如果最初看似好的想法最终被证明并不那么合适,也不要太惊讶了。

最重要的是要记住,上述情况都不能表明你之前没有做好必要的准备,也不代表你的改变将不会成功。恰恰相反:我刚刚描述的经历是大多数人改变过程中正常的一部分。这也是为什么下一章主要致力于帮助你根据尝试经验修改你的原始计划。

还有多久你可以进入第八章的学习,这在一定程度上取决于你为执行制订的步骤所选择的时间范围。对很多人来说,按计划进行两到三周的工作,足以让他们判断计划的有效性以及哪些地方可能需要修改。第八章的活动将帮助你决定对计划进行哪些类型的修改，以便你能够实现目标。

因此，如果你在改变开始时遇到一些障碍，请记住，俗话说"人算不如天算"，它之所以是老生常谈，正因为它是如此真实。如果有些事情并没有按计划进行，不要气馁，也不要自责。你的改变之旅还有许多步骤要走，我(和正在改变的五位陪伴者)将陪伴你更长时间。

8

检查、修改和重组

塞缪尔·贝克特(Samuel Beckett)的《最糟糕,嗯》(*Worstward Ho*)中有一句话,我一直很喜欢:"曾经尝试过,曾经失败过,没关系。再试一次,再失败,更好地失败。"现在贝克特不是一个乐观主义者,我希望你已经开始从你采取的步骤中看得到一些成功。但是这句话所表达的坚持不懈的精神,以及在实现重要改变的过程中,接受挣扎和挫折,是成功的改变者的共同点。

你制订出来的计划可以看作一个起点,在这个过程中你可以了解你需要做什么以及你需要哪些资源才能达到目标。这个起点可能足够强大,几乎不需要任何改动就能让你继续前进——或者可能需要调整甚至改变方向。我现在的重点是帮助你检查将计划付诸行动的步骤,并利用你迄今为止学到的知识来辨识出缺失的部分和无用的元素。

进程反馈

我将在本章后面带你详细检查你的改变计划的各个方面,但在深入研究每个细节之前,我们先退一步看看大局会很有帮助。你对自己的总体进展感觉如何?

当行动没有完全按照计划进行时,人们自然会更关注哪里出了问题,而不是哪里做对了。从某种程度上来说,这可能是有建设性的,针对问题可以集中精力解决问题。但它也会在你最需要振作精神的时候削弱你的士气。更糟糕的是,它会让你分心,看不到有多少事情进展顺利,也无法利用这种意识来巩固你取得的成功。

因此,我希望你思考一下自从你开始努力实现目标以来所取得的积极进展。请问自己:"哪些方面进展顺利?"在日记中记录你迄今为止取得的成功之前,请考虑一下你同伴的反思,如下所示。

目前进展如何?

亚力克

> 我做了很多事情,感觉很好。我回家更早了,我和温迪之间的关系也不再那么紧张了。我决定试着给她发短信,告诉她我什么时候回家,没想到她竟然很感激我。小事情可以有大不同,这很有趣。我感觉精力充沛了一点,可能是因为我出去应酬的时间少了,或者没有酗酒。我不确定。我还去了那家新的健身房,看起来还不错。事情进展得很顺利。

芭芭拉

> 我花了更多时间和斯蒂夫在一起,试探一下:我想我知道什么时候是跟他进一步发展的合适时机。我们确实买了剧院的季票——当我问他这件事时,他很惊讶,但反应非常积极。我发现,如果我想获得法学学位,我必须重新申请并且重新来过——考虑到时间已经过去了那么久,我应该预料到这一点,但是通过浏览专门针对成年人恢复教育的网站之后,我更相信我能做到了。我约了一个朋友的朋友下周一一起用午餐,她是在孩子长大后才获得学位的,然后下下周约了我原来法学院的院长。进步!

科林

说实话，事情有起有落。但是我应该只关注好的事情。最重要的是，我没有和保罗闹翻或吵架。当我感到沮丧时，我能够走开，也可以抵制抱怨的诱惑——是我做了所有的事情，我知道这不是真的。我告诉他我的便利贴想法，他似乎认为这很可爱。除了运用引语和歌曲来提醒我注意自己的感受之外，我也在写信息，表达我对他的欣赏，这似乎也有用。我们一起度过了一些美好的夜晚，当我跟他谈论周末创作自己的艺术作品时，他很支持我。受挫主要是因为感到保罗还是在情感上跟我保持距离。但我要长期坚持下去，这确实有助于提醒自己一些好的迹象。

达娜

一切进展如我所愿。我已准备好GRE的学习资料，申请也快完成了。我的学校排名靠前，尽管我一直在犹豫哪所学校最让我满意。钱可能是决定性因素，因为研究生院的经济援助主要还是贷款，但如果你打算从事教学工作，有些项目会对你有所帮助，而且看起来我可以兼职工作。我还要跟我的老板谈谈，看看在我现在的处境下这是否是一个选择。我已经准备好打电话给我父母了，并迈出下一步。

艾莉

很抱歉，我可能说不出很多积极的话。我和吉尔谈过，他试图帮助我。但我并没有真正做到我说的和要做的事情。当我写下来的时候，这一切听起来都很好，但后来整个事情感觉太让人不知所措了。老实说，我不知道接下来会发生什么。也许这对我来说真的是不可能的。

在努力实现改变时，人们最初的进展可能会有很大差异。如果你像亚力克、芭芭拉、科林和达娜那样，在某种程度上至少能够描述一些你在通往目标的过程中的进步，即使一切进展并不顺利，那么请跳过下一节，继续检查和修改你的改变计划。

但如果像艾莉一样，你的势头停滞不前，或者在迄今为止所做的事情中很难找到任何积极的东西，请继续下一节，以采取不同的方法。

通过自我观察进行重组

如果你读到这里，你很可能感到非常沮丧。你承诺要改变，并开始真诚地努力实施你的计划。现在你可能想知道是否还有理由相信更好的结果，或者是否应该放弃，以免自己进一步失望。

当我们精心制订的计划出问题时，与其继续努力向前，同时感觉希望和热情正在逐渐消退，不如停下来重新振作。幸运的是，有一种可靠的方法可以做到这一点。

你还记得唐纳德吗？我们在第五章介绍过他。他已经靠自己的力量成功戒掉了各种药物，他从十几岁起就依赖这些药物——除了大麻，他对大麻的依赖比以往任何时候都要严重。他之所以寻求帮助，是因为尽管他也非常想摆脱这种药品，但他无法想象如果没有一种方式来缓解他一直感受到的孤独和被孤独引发的愤怒，他将如何度过每一天——到目前为止，他也没有发现任何东西比这种药品带来更直接和持久的缓解。

在我们的第一次会面中，唐纳德在描述了他的矛盾困境之后，非常忐忑地告诉我说，他知道他必须"咬紧牙关"，想办法让自己戒掉这种药品。我邀请唐纳德谈谈他为什么觉得这是他正确的一步，尽管他对改变的态度可能比表面上更矛盾。但是唐纳德不仅描述了他认为使用这种药品带来的负面效应——记忆力下降、不能吸食时易怒，而且还描述了他强烈渴望摆脱他现在认为是青春期残留的东西，他决心要抛弃它。

所以，当我告诉唐纳德，我不希望他在我们再次见面之前减少甚至停止使用这种药品时，你可以想象到他的惊讶。相反，我要求唐纳德记录下他在接下来的一周内何时使用这种药品，以及当时他周围和体内发生了什么。

对此，唐纳德透露，他已经预料到会被告知必须立即承诺完全戒除，而且由于他也有戒烟的目标，因此他知道自己有义务同意，尽管他认为不可能做出如此巨大的改变。他告诉我，收到这样一条不同的信息让他感到如释重负。同时，他认为他使用这种药品的情况没什么可了解的，只要有机会就会使用。所以他对我提出来的自我观察持怀疑态度，不相信它能够揭露什么有用的东西。尽管如此，他还是愿意试一试。

下周回来后，唐纳德迫不及待地想要报告他的发现：他何时使用这种药品、何时使用这种药品的欲望最强烈，确实存在规律。这些规律和他的日常安排有关。当他刚下班回家时（他没有吸毒），这种欲望最强烈，因为他觉得他需要放下一整天背负的重担。周末醒来时也是如此——他意识到将要独自面对漫长的一天，没有任何外界事物分散他的注意力，这让他充满了恐惧，而使用这种药品是他知道的唯一能够缓解这种感觉的方法。另一方面，还有一些时候（工作日的傍晚，周末的午饭后），他发现自己使用这种药品更多的是出于习惯，也许是无聊，而不是因为他"需要"它。

唐纳德思考了这些细节以及他这一周其自我观察的其他细节，问我下一步该怎么做。当我问他能否想出他有信心成功迈出的一小步时，唐纳德立即说他认为他可以戒掉工作日晚上使用这种药品的习惯。我的回答再次让他惊讶：我让唐纳德在接下来的一周里挑一天晚上不使用这种药品，密切关注他这样做会有什么感觉，不然，他就继续吸烟，就像他一直在做的那样。虽然他感觉自己有能力做得更多，但他还是再次同意了。

在我们第三次会面时，唐纳德做了一个玩笑式的"坦白"：在本周初成功戒掉傍晚使用这种药品的习惯后，后来几天他也成功戒掉了。他注意到，第一天晚上，他从到家到准备睡觉之间放弃了使用这种药品，起初他觉得很无聊,但是很快就找到了一项活动沉浸进去,直到那天晚上晚些时候才想起来使用这种药品。享受了那个傍晚后,他想知道自己是否能再吸一次,第二次他也有类似的经历。

当被问及他对本周有什么样的感受以及跟我见面之后学到些什么,唐纳德说得很清楚:他花时间观察使用这种药品如何融入他的生活,而不试图改变它,他所获得的理解改变了他的看法。他知道这仍然是一个充满挑战的过程,在达到他想要的目标之前,他还有很多小步骤要弄清楚,但是他现在相信,戒掉这种药品只是一个时间问题,而不是是否能戒掉的问题。

一周的自我观察

虽然自我观察可能让人感觉像"什么都没做",但与积极努力改变相比,自我观察有很多积极作用。正如唐纳德的经历所表明的那样,自我观察可以帮助你减轻你做出进步的压力,这种压力可能会引发焦虑、回避、自责的旧循环。通过给你一点距离,它可以帮助你更客观地或从新的角度看待你正在努力解决的问题,并意识到那些如此熟悉以至于你几乎不再注意到它们的事情。反过来,这种意识可以提出新的想法,特别是可以帮助你确定改变的"切入点"——小而可控的步骤,开始带你朝着你想要的方向前进,并帮助你为未来的大步前进积蓄动力。

所以我现在邀请你踏上一周的自我观察旅程。像唐纳德一样,我希望你注意并记录:什么时候你采取了想要改变的行为(或者处于某种情境),那个时候在你身边和内心发生了什么。重要的是,我不希望你本周试图改变任何事情;只要像平常一样行事,尽可能多地注意:你所处的环境、你在做什么、别人在做什么、你的感受如何、你正在想什么。每天结束后,写下你注意到的事情,然后回答这些问题:

1."我什么时候采取了我想改变的行为(或发现自己处于某种情况)? 当时的情况是怎样的? 我当时在做什么?"

2."当时我的感受如何？当时我在想什么？"

为了了解这些事情,请先看看艾莉写的一周自我观察记录,然后将你自己的一周记录在日记中写下来。

我的一周自我观察记录

艾莉

当时的情况是怎样的？我当时在做什么？	当时我的感受如何？当时我在想什么？
每天上班前,我都会确保每个人都吃完早餐。在吃早餐时,我总会拿一个松饼或甜甜圈来搭配咖啡。	我想我可以只吃一种东西,午餐和晚餐吃得清淡一点,以弥补卡路里的摄入。就在我咬了一口松饼之后,瞬间感觉到轻松自在了。
本周,有人两次为员工们带来百吉饼或糕点作为上午的点心。两次我都去了,并吃了点东西。	当我知道休息室里有糕点时,我告诉自己,完成第一组笔记后,我会奖励自己。在整个小组会议期间,我都很期待,特别是当我还有好多事情要做,压力很大时。
我在办公室放了一碗包装好的焦糖或巧克力,用来送给客户或员工。压力大的时候,我自己会吃掉半打或一打。	有时候只吃一粒糖就可以帮助我平静下来,并让我专注于完成工作,不晚于截止日期。
我每天都会带午餐去上班。我通常会带上一顿健康美味的午餐,部分原因是我会和同事一起吃饭。但我也会带上薯片。这周我们有两名实习生来访,午餐时我只吃了三明治,剩下的都在办公桌上吃。	我总是担心同事们会注意到我吃的东西,并对我指指点点。如果那里有让我感觉不舒服的女性,我就把不健康的食物留到以后再吃。实习生让我感到很不自在。
一天,我去了零食售卖机,买了一些饼干,然后把它们放在我的钱包里偷偷带回办公室。	每次我这样做的时候,都会感到有点羞愧,但一进办公室,这种感觉就没有了。然后我就尽情享受饼干了。它们真的能够帮助我完成单调的文书工作。

当时的情况是怎样的？我当时在做什么？	当时我的感受如何？当时我在想什么？
有几个人经常走楼梯来锻炼，而不乘坐电梯。这些女性有时午餐时间也会散步，然后在办公桌前吃饭。	我每天都在内心深处挣扎，想着自己是否应该在午餐时间甚至回家后走楼梯。我告诉自己应该走楼梯，但想到要和其他女人一起走楼梯，我感到不舒服，所以我就没有这样做。当我回到家时，我告诉自己我可能会晚点走楼梯，但我需要休息一下，然后就去厨房做晚饭了。
回到家后，我休息了大约15分钟，然后每天晚上在厨房里花几个小时准备晚餐和打扫卫生。吉尔和孩子们的口味素来各不相同，我呢，逮到什么吃什么。我从没有好好地坐下来吃一顿饭，我都是站着吃。当饭菜做好，大家都吃了，我就会打扫卫生，然后开始打包明天的午餐。之后，因为站了几个小时而感到特别累，所以我就躺在沙发上了。	我感到又累又饿，但注意力还是集中在大家想要的东西上。在吃饭时我没怎么注意吃的是什么，只是因为饿了就随便吃点东西。我确实喜欢随意吃点，因为它能告诉我烹饪的进度。等到打包第二天午餐时，我真的很想走出厨房。有几次我觉得我应该锻炼一下，但我告诉自己，也许明天吧。
深夜，我坐下来，看着电视，吃着我爱吃的各种睡前小吃：麦片、黄油吐司、鳄梨酱和薯片、冰激凌、布丁、一块馅饼或蛋糕，或者任何剩下的甜点。	我会感到难过，并告诉自己不应该在晚上这个时候吃这样的东西，但后来我想"我明天再减肥""减肥根本没用"，或者"工作这么辛苦，所以为什么不能在工作之后享受生活呢？"
周末，我购买了一周的食物，然后在家准备饭菜和零食，还烹饪了一些饭菜，可以冷冻起来。	当我购物时，光是看着各种食物，我就饿了，所以和往常一样，我就买了一些吃的东西，回家的路上在车上吃。
周日，在主日礼拜之前，喝了咖啡，吃了甜甜圈；主日礼拜之后，我们一家人出去一起吃午餐。通常，我们会去自助餐厅，在那里的大多数时间都在谈笑风生。	周日午餐对我来说是真正的亮点。花这些时间聊天、放松和吃饭真是太好了。我在那里并不觉得害羞，因为我的几个嫂子也在为体重而苦恼。我觉得很正常，心里想，这才是生活中真正重要的事情——和家人在一起。

续表

当时的情况是怎样的？我当时在做什么？	当时我的感受如何？当时我在想什么？
周日我们吃了一顿清淡的晚餐。除了打包周一的午餐，烹饪并冷冻炖菜以备本周晚些时候食用外，我不需要花太多时间在厨房里。	我周日的晚餐通常比较轻松，因为不需要准备太多东西。我也吃得比较清淡，因为像往常一样，吃完午餐后我感觉肚子胀胀的。我告诉自己下次午餐不要吃那么多了，但我知道我不是故意的。

再次检查你的计划

很可能你在努力改变的过程中已经考虑过对原计划进行调整和补充。如果你已经完成了一周的自我观察，你可能考虑进行更为重大的修改。

在接下来的内容中，我想请你考虑改变计划的五个组成部分，并决定是保留原样还是进行修改。将所有修改记录在你的日记中（在你的改变计划表中），与之前一样，给自己一些时间来进行创造性思考，并确保计划中的内容对你来说是正确的。

另外，如果你还没有完成的话，请考虑一下是否需要一些信息来修改你的计划，使之变得更好或者感觉更有信心。如果是这样，弄清楚从哪里可以获得这些信息，然后想一想这意味着什么，它是否为你已知的内容增加了有价值的信息。这也是一种提升你计划方案的质量和可行性的有效方法。

再次检查你的改变目标

请大声朗读你想要做出的改变，并问问自己："我的目标改变了吗？我现在会以不同的方式回答'我想要做出哪些改变？'这个问题吗？"如果你的答案是肯定的，那么请考虑一下你的几位陪伴者的回应，他们在"个人计划变更"中重写或添加了他们的目标,如下所示,然后你再修改你自己的改变计划目标,写在你日记中的"改变计划记录表"。

•••

我想要做出哪些改变?

科林

> 我不仅想要更好地向保罗表达我所心烦的事情,还想在各个方面更坦诚地与他分享自己。我希望这也能帮助他更加信任我。

艾莉

> 上周我学到最重要的事情是,我定的体重目标太高了,我不堪重负。我仍然希望有一天能恢复到怀孕前的体重,但是我需要从尝试改变一些饮食习惯开始,因为现在就减掉那么多体重听起来就好像去月球旅行一样不切实际。不同的是,我唯一能做的就是让爱我的人在我需要的时候帮助我。

•••

再次检查你的改变理由

请大声朗读你改变的理由,并问问自己:"我改变的理由有变化吗?我现在会以不同的方式回答'为什么我要做这些改变'这个问题吗?"如果你的答案是肯定的,那么请考虑一下你的几位陪伴者的回答,他们在"个人计划变更"中重写或添加了他们的理由,如下所示,然后你再修改你自己的改变理由,写在你日记中的"改变计划记录表"。

••

为什么我要做这些改变?

亚力克

> 我注意到一个主要的理由是我觉得自己没有从生活中享受到应有的乐趣。这对我来说真的很重要,但我有一段时间忽视了它。我想要超越自我,为我的家人,也为我自己,我想在这个过程中获得更多的乐趣。

科林

> 我想这样做是为了保护和培养我和保罗之间的关系,也因为我想更多地了解自己并成长为一个人。也许以前我认为这样想很自私,但现在我不再这样想了。这对我们俩都有好处。

艾莉

> 我觉得我描述理由的方式让我感到有点压力。事实是,我没必要这么做。如果我不这么做,生活还会继续。如果我不这么做,吉尔还是会爱我,上帝也是如此。所以我不必为了上述任何理由而改变,但我想这么做,如果这说得通的话。

••

再次检查你的改变步骤

现在你计划付诸行动了,这时,你可以考虑其中是否有原始步骤需要调整。你也许对可能有效的步骤有一些新的想法,或者已经为你的改变策略增添了一些内容。

在决定修改你的改变步骤之前,请考虑一下几位陪伴者修改后的步骤,如下所示。然后阅读你的原始步骤,对这些步骤进行保留、更改或删除,把它们记录在"改变计划记录表"中。

● ●

我将采取哪些步骤来实现这些改变?

亚力克

> 接下来是问温迪是否愿意每周约会一晚。我会先告诉她我想和她出去,然后和她谈谈如何让约会成为一种常规活动。我想开始去新健身房,但是我需要弄清楚如何将其融入我的日常生活中。简想要晚上去,但是我不行。我可以从这个周末开始,然后想想一周中什么时候可以去。吉姆正走在新的健康之路上,可能他会愿意一起去锻炼。这周我会和他谈谈这件事。为了更多地享受生活,我们也需要在周末和朋友们制订一些计划。

芭芭拉

> 和斯蒂夫谈论一起做某件事比我想象的要容易,而和他谈论我的感受则有点紧张。我想,一旦我开始敞开心扉,我就会强烈地想要进行一次重要的谈话,我想确保时机合适。我觉得自己更愿意这样做,但我也需要跟他谈谈重返法学院的事,那是一个不同的谈话。现在我想我应该把这也当作一个可能的问题跟他谈谈,听听他的意见,而不是因为我的焦躁不安和不满足而想做的事情。把这件事与我在婚姻中的感受区分开来更接近事实。所以,的确,我会和他谈谈法学院的挑战,并继续做我计划的其他事情,以便能够实现这一目标。

科林

> 我会更加注重自我探索。我还没有找心理医生，这是我下一步要努力的事情。也许心理医生会推荐夫妻咨询，如果保罗信任我，事情可能会更进一步。我还会继续寻找适合我日程安排的冥想课程。

达娜

> 我想增加一个步骤，即根据我考上的学校（此处有信心！）寻找我可以居住的地方。如果我留在这座城市的话，我要和老板谈谈兼职的可能。但是首先，我要给父母打电话。

艾莉

> 在我的计划中，第1条和第4条需要进一步细化完善，其他步骤都比较清晰可行。但目前除了祈祷获得指引外，我还没有完全做好行动准备。
>
> 1. 我必须和吉尔以及全家人坦诚交流——告诉他们减肥对我的重要性，以及按照我们目前的生活方式，这个目标几乎不可能实现。这件事对我来说特别艰难，因为照顾家人一直是我的首要责任。但如果继续把所有时间都花在厨房里，我很清楚自己永远无法实现健康目标。
>
> 2. 然后我要问吉尔是否愿意接管采购的活儿，再看看他是否同意把糖果从家里拿走，改吃水果。也许他可以带孩子们出去吃冰激凌，每周有一个晚上给我自己。
>
> 3. 我要问我的孩子们是否想学做饭，我会教他们怎么做更健康的饭菜——这样，我仍然在帮助他们，但他们也会帮助我。我真的很喜欢这个主意。

> 4. 我还会逐步培养孩子们的自主能力,让他们在早晨承担更多责任,比如动手准备早餐和自己第二天的午餐。我会把这些任务设计得像游戏一样有趣,同时让他们明白这也是在帮助妈妈实现目标。或许我还可以让他们想些特别的方式来为我加油打气,甚至在我取得进步时由他们来决定奖励。我相信通过这种方式,既能让孩子积极参与,又不会让他们感到这是额外的负担——这一点对我来说非常重要。
>
> 5. 我打算在工作中寻找一位值得信赖的同事,作为可以倾诉的支持伙伴。此外,我决定清理办公室里的糖果,换成更健康的薄荷糖,或者添置一台咖啡机、茶水机,和大家一起分享。这样不仅能帮助我保持自律,也能让工作环境更舒适。
>
> 6. 我不会放弃周日早午餐,但是我会放弃第三次取餐,让我的第二次取餐作为最后一次。这就是一个开始。

再次检查支持你改变的人

请回顾一下你确定的支持人员,以及你希望他们如何支持你做出改变。现在你已经开始采取行动,请问问自己:"他们有没有其他的方式来帮到你?有没有其他人可能也愿意并能够提供帮助?如果有,他们是谁?他们可以提供什么帮助?我原以为可能会提供积极支持但现在不适合担任这一角色的人是谁?"

如果你的回答是肯定的,那么考虑一下这五位陪伴者的回应,他们在个人改变计划中改写或添加了支持内容,如下所示,然后在"改变计划记录表"上修改你自己的支持内容,写在日记中。

对于改变的支持

亚力克

我可以找谁支持？	他们如何支持我？
吉姆	如果吉姆愿意一起锻炼，这可能会帮助我养成良好的习惯。

芭芭拉

我可以向谁寻求支持？	他们如何支持我？
我妹妹	她能看出我身上有些变化，但我还没有跟她详细说。我想我之所以没有说出来，是因为我不想让她对我和斯蒂夫之间的关系太过乐观了。但即使如此，她还是会比之前更开心。我仍然认为和她谈谈会对我有很大帮助，所以我应该让她知道我的想法。

科林

我可以向谁寻求支持？	他们如何支持我？
保罗	讽刺的是，这让我感到有点孤立，因为通常情况下他本应该是我的主要支持者，但是现在却不是了。
朱迪	我一直在想哪天晚上请她一起吃晚饭，只是为了和另一个关心我们俩的人分享一些事情。

达娜

我可以向谁寻求支持？	他们如何支持我？
一个新的精神社区	无论我最终去哪里上学，我都想找到一个精神社区。当我在一个新地方重新开始时，那里会给我重要的支持。

艾莉

我可以向谁 寻求支持？	他们如何支持我？
吉尔	我知道如果我让吉尔帮忙,他会以很多方式帮助我。不仅在实际生活上,而且在情感上。我在想我可能会请他和我一起去看医生,我相信他会感到惊讶并且很高兴这么做。
我的孩子们	我的孩子们不会理解这种情感上的重要性,但我还是认为他们会喜欢为我加油,并想办法帮助我,比如制作图表或者想出新的活动。我喜欢让他们参与进来,不是为了有多少帮助,而是让我有另一个关注的焦点,即那些带有创造性和乐趣的事情。这会帮助我让事情变得"轻松"一点!
南希	我工作中的朋友南希真的非常温柔和善解人意。她不是那种八卦的人,总是愿意倾听任何人的倾诉。我想向她吐露心声,那么我就可以在工作日有一个休息的地方了,如果我需要的话,哪怕只是一起喝杯茶或开怀大笑,也是好的。因为不自在,我不会让自己有这种感觉,我的减压缓解或者休息通常只是吃甜食!

再次检查你的障碍以及你如何克服它们的

到现在为止,你可能已经遇到了你一些你预料中的障碍。如果你已经遇到,请问问自己:"我计划的解决方案效果如何?"如果你能很好地应对这些挑战,那么坚持你已确定的解决方案是可以的;如果没有,那么这是你提出一些替代方案的机会。

当然,你也可能遇到一些让你措手不及的障碍,再次问自己:"我处理得如何? 处理这些让我措手不及的障碍还有其他替代方案吗?"

请参考几位陪伴者的回应,他们在个人改变计划中重写、添加和要去除的障碍及其解决办法,如下所示,然后在"改变计划记录表"上修改你自己的改变计划,写在日记中。

障碍和解决办法

亚力克

可能会出现什么障碍?	我将如何克服这些障碍?
安排锻炼时间	如果吉姆不能和我一起去健身房,我早上去健身房应该没问题。我会从每周几天锻炼开始来逐渐养成新的锻炼习惯。如果我这一周比较忙,我就在家跑步。

芭芭拉

可能会出现什么障碍?	我将如何克服这些障碍?
如果斯蒂夫不支持我重返法学院呢?	这会是一个大的障碍。我想我需要听听他的顾虑,考虑一下,看看我们是否可以一起找到解决方法。有趣的是,就在我写下这句的时候,我意识到,到目前为止,我还没有采取过共同解决问题的方法,但是我还是怀有希望,如果我们尝试的话,我们也许可以做到。

科林

可能会出现什么障碍?	我将如何克服这些障碍?
没能找到一个好的治疗师。	我真的很担心这一点,因为我很挑剔,不希望跟一个一开始就指责我的人交谈。我认为我很快就能感觉到这个治疗师是不是带有指责。我会继续找,直到找到一个很契合的治疗师。

艾莉

可能会出现什么障碍?	我将如何克服这些障碍?
我最大的障碍是,我所喜欢的以及我为了缓解压力和获得快乐而吃的很多食物都是高热量的、高脂肪的,对身体非常有害的。我整天都期待着它们,尤其是一天结束的时候。	这可能是我最艰难的挑战。我可以将糖果不放在办公室里,甚至也可以在工作中抵制小吃柜。在厨房里少花些时间也会有所帮助。但是当我特别想吃一些好吃的食物时,怎么办?有时候水果可以代替。也许我可以找到一些低卡冰激凌零食等。但是我需要好好想想能做什么来减轻压力。

可能会出现什么障碍?	我将如何克服这些障碍?
我另一个障碍是羞于启齿请求帮助。如果我作弊,我可能会对自己生气;如果我没有看到进步,我可能会感到沮丧,然后告诉自己,这对我来说不再是什么大事了。	也许在工作中做一些小事情可以帮助我。比如发短信或和别人一起玩手机游戏,可能会让我感觉不太孤独。这也可能有助于缓解工作压力!我会告诉吉尔这件事,也许我的妹妹也会知道。

成功的迹象

在你准备将修改后的计划付诸行动时,最后一步要做的就是识别出一些迹象,这些迹象表明你的计划正在发挥作用。虽然有些目标可以很快达成,但是你正在努力达成的改变可能会相对更加复杂,可能需要一些时间才能实现目标。在朝着更远的目标努力时,能够识别出沿途的标记,以便确认你走在正确的轨道上,这很重要。这不仅可以指导你决定是坚持你的计划还是进一步修改计划。它还将帮助你保持为长期改变目标而努力的动力。

所以请问问自己这个问题:"我怎么知道我的改变计划是否有效?"请参考以下几位陪伴者的回应,然后将你的答案记录在你的日记中。

••

我怎么知道我的计划是否有效?

亚力克

> 如果跟温迪的关系越来越好。我们又可以开始享受生活,一起欢笑和开玩笑,不再有彼此之间的紧张感。感觉我们能够站在同一战线上了。当我不必考虑不喝最后一杯酒或让他们持续到最后时。早上我又恢复了以前的活力。期待一天结束后回家。我的备用轮胎开始缩小。感觉我得到了我想要的生活,并且正在尽我最大的努力。

芭芭拉

当我们谈论现实问题而不仅仅是闲聊时，我就会知道关于改变我和斯蒂夫之间关系的计划正在奏效。当我看着他时，我感到自己的渴望。当我看到他充满渴望地看着我。当他说一些让我惊讶的话时，我会不由自主地笑。当我又开始上学的时间表时，我就会知道我关于重新开始职业生涯的计划正在奏效，一旦确定了时间表，我知道它会有自己的生命力。

科林

最大的迹象就是我不再需要费力控制自己的愤怒。我不会像以前那样经常生气，而且即使当我生气了，我也能够控制好它，如果我需要向保罗表达，我能够以一种不会吓到或伤害他的方式表达。我会开始看到保罗像以前一样看着我，或者自发地握住我的手或揉我的背。或者他会主动花些时间一起做点新的事情。我在他身边不会感到那么紧张。我将能够放松下来，表现出轻微的烦躁，而不必担心他会生气。我们又可以玩得开心了。我们可以再次邀请朋友来聚餐。我们可以做爱。我们可以一起规划我们的未来。我能够继续我自己的个人探索，而不会觉得在做这件事时还有其他事情处于危险之中。

达娜

我已经知道它正在奏效。我所要做的就是继续下去。

艾莉

> 减掉几磅体重是个好兆头，但是我以前也这样做过。只有当我换一种方式去做时，我才能真正看到它是否有效。当我跟工作中的秘密支持者交谈时，当我办公室里几周都没有糖果时，当我找到除了食物之外我真正期待的东西时，当我与孩子们采取一些创造性的措施时，最重要的是，当我与吉尔谈论我认为我需要什么时。

展望

从现在开始，你前面的路将与你迄今为止走过的路非常相似。从此以后，你的改变过程将包括继续按照你目前的计划行事，并定期检查它，以决定是否需要再次修改或者以何种方式修改。你刚刚识别出来的迹象，如果在过程中没有出现，那就是提醒你要规划一条不同的路线，可能要做一些微小的调整，也可能是更实质性的大改变。

与此同时，关注未来也很有价值。我的意思是不仅仅实现你的改变目标——戒掉你想戒掉的习惯，或者养成你想培养的习惯；让自己摆脱你想要摆脱的境况，或者让自己陷入你想要陷入的境况；改变干扰你的人际关系或获得你想要的生活的模式——而且还要坚持你所做的改变，继续朝着对你来说最重要的人生目标前进。在最后一章，我会提供指导，以增加你在这两个方面追求成功的可能性。

9

改变的另一面

改变包括进入一个不熟悉的领域,然后把它变成熟悉的,其过程的发生常常是渐进的,尽管有时会出现突然的转变,但只有回想起来才觉得这是不可避免的。

上大学时,我决定去上声乐课。我一直都很喜欢唱歌,但是我知道我的声音有限,听我唱歌的人并不总是如我希望的那样热情地分享我的快乐。

我完成了老师布置的练习,更加努力地将学到的技巧融入其中。我改变了呼吸方式和用嘴巴发声的方式;我放松了舌头,收紧了横膈膜。几周,甚至几个月过去了,"我才发现变化":我现在的声音比开始之前更难听,尴尬且不自然,而不是自信和自然。

我担心我从一个还算可以的歌手变成了一个没人能容忍的歌手,于是我和老师谈了谈,想知道我是否应该回到以前的平庸状态。他很肯定地告诉我,我走在正确的道路上,尽管我心存疑虑,但我还是同意再坚持一段时间。

后来,上了差不多6个月的声乐课,神奇的事情发生了。当我张嘴唱歌时,我听到一个从未有过的声音:丰富而充满活力。我很兴奋,在下一节课上,我告诉了我的声乐老师发生了什么。当然,他说"你的身体一直在学习一种新的发声方式；只是需要一些时间让肌肉慢适应，并能够按照大脑的指令去做"。

当你开始以一种与以往不同的方式行事，或者进入一个新环境（或离开一个你熟悉的环境）时，几乎不可避免地会感到奇怪或尴尬——"不是你"。当你放弃过去的安全感，而尚未成为未来的自己时，寻找熟悉的坚实基础的诱惑可能很强烈。有时你会一点儿一点儿地做出调整；有时你会在较长的一段时间里感觉自己在原地踏步，随后会有一个令人惊讶的收获时刻。但是，就像每个人学会骑自行车或者开车（或者用正确的技术唱歌）的人一样，又或者如每一个搬到新城镇或开始一段新恋情的人一样，他们都知道，走向改变的另一边会带来其他方式无法获得的回报。

改变的路径

虽然每个做出改变的人都有进入陌生环境的体验，但在其他方面，人们改变的途径可能会有所不同，这取决于他们所做出的改变的类型及其难度和复杂性。以下是你在实施计划时可能会遇到的四条途径，我为你提供一些指导，最大限度地帮助你获得机会，完成成功改变的过程。

决定就是改变

对于某些矛盾困境来说，最困难的部分就是在相互竞争的选项之间做出决定；一旦决定做好了，前进的道路和要采取的步骤就一目了然了。举例来说，一个人决定捐献器官给他所爱的人，让她活下去，就必须在捐献手术之前经过很多流程；然而，前进的道路已经为他铺平了，他只需要顺着这条路走到最后就可以实现目标了。同样，一个人决定接受一份工作，她不需要做一个详细的计划来执行她的决定；一旦表达了接受这份工作机会，就会有很多步骤跟着来（通知她的现任雇主，跟同事告别，到新工作地点完成人力资源的相关手续),但是所有这些步骤都是一些例行常规。

如果你所走的道路像达娜描述的一样,那么你需要我多一点的指导。我描述达娜经历改变的道路,以说明走在这条道路上是什么样的,或许也是为了强调她如何通过追随自己的内心、相信自己的判断和处理摆在面前的实际问题来确保成功的结果。

达娜的路径:"我简直不敢相信我已经走了这么远。"

比起她为成为一名教师而采取的所有实际步骤,达娜改变过程中的关键时刻是她打电话给父母,请他们吃饭,以便告诉他们她对未来的计划。她还没说完,母亲就知道她要说什么了。这顿晚餐与其说是劝说父母信服她已经做了一个负责任的选择,还不如说是变成了一个计划会议,讨论每个人将如何应对她的新决定所带来的各种改变,最终,庆祝她对崭新未来的喜悦。一开始,她父亲严肃且内敛,他想确保她的决定是深思熟虑过的。他提出了一些达娜认为合理的担忧。但是当父亲得知她做了多么彻底的研究,以及她对这个决定所产生的经济问题有多少了解之后,达娜可以看到父亲对自己养大的女儿越来越尊重,也为女儿感到自豪。用达娜的话来说:

> "现在想想,当时和父母谈论读研究生的决定时,我是多么紧张,我就忍不住笑了起来。虽然如此,我永远不会忘记那个晚上,因为作为三个成年人,我们谈论所有的事情,我很满意。最棒的是,他们尊重我想要做一些有意义的事情的愿望,我可以告诉他们,我只是想成为他们想要我成为的那种人。"

实际成为一个研究生的过程是有一些挑战的。当她取得GRE优异成绩后,达娜的第一志愿接受了她,但是不提供任何经济援助,而她的第二志愿提供了助教职位,让她可以不用在校外找工作。经过谈判,以及随后几个晚上在各种选择中苦苦挣扎,她终于意识到她的第二志愿现在是第一选择，于是她接受了他们的提议——这是一个她并不会后悔的决定。当她递交辞呈时，雇主为她举行了一场送别派对，让她带着善意和归属感离开。正如预料中的那样，她的朋友很激动，想确保她在开始研究生的新生活之前有机会庆祝。

从那以后，她开始忙于寻找住处、上课、重新适应学生生活和"再次过上贫困的生活"，这样就不用动用存款了。在某种程度上，对她来说最重要的是，她加入了一个教会，从她到达那里的那一刻起，她就感到被接纳和宾至如归。达娜正在思考她在改变过程中取得的进展：

> "我对今年、明年以及以后的每一年都很兴奋！我感觉自己又恢复了原来的样子……不，实际上，我感觉比以往任何时候都更像我自己。当我回看过去的一年，我简直不敢相信自己已经走了这么远。"

乘势而上

起初，芭芭拉的决定是离开丈夫，她认为这是自己正在努力但无法接受的决定，好像会让她走上与达娜一样的道路。如果她决定离开，她肯定会面对更多的决定和挑战，最突出的是住在哪里以及如何在经济上支持自己，但这些都不太可能成为重大矛盾的源头，也不可能让她发现自己很难坚持到底。她可能也需要找到现实层面和情感层面的支持，而不是制订一个如何执行决定的详细计划。

然而，芭芭拉很快意识到，她并不想离开斯蒂夫，而是想和他一起重建生活（以及独立的事业）。她面对的不确定性——如何接近斯蒂夫以及如何确定自己最好、最可行的职业选择——让她走上了一条不同的道路。在那种情形下，她确实需要制订一个可以遵循的循序渐进的计划，以实现她的每一个目标，并在新情况出现时，可以再次检查和重新修改该计划。她所做的选择要求她改变长期存在的行为，比如，更公开、更诚实地与斯蒂夫谈论她的真实感受和愿望。一开始对她来说会很有挑战性,但她必须逐渐适应。

同样地,在亚力克解决他的矛盾心理的过程中,他产生了相互交织的目标——减少饮酒,与妻子重建亲密和相互尊重的关系,并开始更多地关注自己的身体健康,所有这些都是为了恢复平衡并更多地享受生活。这不仅需要一个初步计划,而且还需要一个检查、修订、再次投入随着时间的推移执行计划的过程。就像芭芭拉一样,亚力克面临的情况是:有一些重要因素影响他实现目标的能力,比如,温迪如何应对他工作日晚上回家时间的变化,以及他回到家时的状态,这些都不在他的控制范围内。而且还像芭芭拉一样,他必须采取的一些行为——少喝酒,并在他与温迪有不一致的地方以不同的方式沟通,需要一段时间才能变成"老习惯",然后,他可以自信地认为他的行为会符合他的意图。

与此同时,亚力克和芭芭拉发现,他们开始实施计划时所取得的成功推动着他改变道路。虽然他们不得不在过程中做出调整,但是两个人都发现,最初的计划让他们走上了成功之路,而维持改变的关键是,在享受劳动成果的同时,始终把追求目标的理由放在首位。如果这条道路也是你正在经历的,那么你可能会发现,关注亚力克和芭芭拉取得的进展并采取他们用过的一些策略来确保你自己的成功会很有帮助。

亚力克的路径:"我甚至不想再去酒吧了"

由于亚力克大多数晚上下班后都保持清醒和早早回家,他和温迪之间的紧张关系逐步缓解,这反过来又促使他坚持自己的计划。他发现,在即将到来的周末,简有个睡衣派对,于是他提议周末一起出去玩,温迪感到很惊喜,尤其是当他告诉她,他认为经常这样做对他们有好处时,温迪感到更加惊喜。然后,温迪建议把他们其中一些约会变成晚上和朋友们一起出去玩,亚力克热情地同意了,温迪脸上露出了灿烂的笑容,他很久没见过温迪如此灿烂的笑容了。

一开始,去健身房对他来说没什么规律。他去了几个星期之后,工作上就开始忙了,然后就慢慢减少了去健身房的次数。他问吉姆是否愿意和他一起去,但他们的日程安排有冲突,不过后来他们偶尔会一起去跑步。很快,他发现自己感觉不像以前那么有活力了,他开始对温迪表现得更加暴躁,尽管他已经不再晚归了。

当亚力克和温迪又开始争吵时,一天晚上他比平时晚回家,发现温迪眼含泪水。亚力克脾气暴躁,不禁又有了习性反应。但这次他做了不同的事情:

> "当她说我回来晚了,身上还有酒味时,我想为自己辩解,提醒她我早回家过多少次,告诉她她永远不会满足。但是当我看着她的时候,我发现她并没有真的生气和不尊重我,——她很害怕。然后我就不想争辩了。我只想让她知道她不需要担心,我不会放弃我们取得的进步的。"

于是第二天,亚力克就和他的高级客户经理谈论了他在平衡家庭和工作上方面所面临的挑战。他的经理回答说,他过去也遇到过类似的问题,并通过调整工作时间解决了这个问题。由于亚力克也在跟老板就他犹豫不决的晋升进行谈判,他补充说,他不太愿意增加出差时间,也不愿意更多地远离家人。事实证明,他的老板认为亚力克是一名很优秀的员工,他们调整了他的职位,专注于培训和监督新的销售代表。一旦他完成了转变,亚力克就可以安排他的日程,早上锻炼身体,晚上更少出去招待客户,他的压力减轻了,也让温迪非常高兴。

几个月以后,亚力克和温迪出去庆祝结婚纪念日,他惊讶地发现,他们之间的距离与上次结婚纪念日晚餐时大不相同。他送给温迪一条新项链,让她惊喜不已。这份礼物他本应在婚后不久就送给她的,但近年来却没有给她。他回想起一年前他们之间的距离,心中明白他们那晚轻松的亲密有多重要,这与他们不久前恢复了长期沉寂的性生活有很大关系。那只发生过一次。亚力克意识到,温迪的怨恨是在他多年来晚归并酗酒中积累起来的,不会因为他的行为改变而消散;他需要让她明白自己已经知道伤害她有多深,也认识到她因此质疑他们婚姻的可行性。

当亚力克回想起去年的变化时,他感到很乐观:

　　"最关键的是,我甚至不想再去酒吧了。大多数晚上,只喝一杯就好了。这不会让我感到不安,如果有什么不同的话,那就是工作比以前更好了。我上次看医生也愉快多了。我瘦了一些,医生也没提喝酒的事。我的血压也正常了。如果我最终能去车库开始修理科迈罗,我想人生就更完美了。"

芭芭拉的路径:"我从来没有预料到这条路会通向何方"

　　当芭芭拉终于和斯蒂夫开始讨论她的职业志向时,她并没有得到她所期望的反应。他一如既往地全力支持她,这并不让她感到惊讶。但是,当他某天晚上承认,他一直担心自己会失去对她的欲望,因为他只能把她看作他们孩子的母亲时,她大吃一惊。他接着承认,他"不再习惯"用性感的眼光看待她,而且已经有一段时间了。所以,当芭芭拉和他分享了她的雄心壮志之后,他突然开始以一种不同的眼光看待她,就像他们第一次约会时一样,当时她对自己想要从事的职业充满精力和热情。他说,"他为(她的)兴奋而激动"。

　　芭芭拉从没有告诉斯蒂夫,她最初担心他们的婚姻即将结束。据她所知,斯蒂夫自己从未有过这些想法。但是她还是让他知道,她也有过与他描述类似的感受。之后,他们能够更轻松地交谈,芭芭拉可以感觉到他希望他们重新认识彼此,用一种新的方式,就像她一样。随着他们谈话的深入,她感觉他们的婚姻正在恢复中。她反思是什么帮助她渡过了危险的难关。她的反馈如下:

　　"我非常感谢我的妹妹,尤其是我的朋友们,他们帮助我渡过了难关。当我最终和他们谈起我的想法时,他们让我慢下来,让我先和他们交流一下,然后再试着和斯蒂夫谈谈。如果我没有花时间理清自己的感情,就把这一切都倾诉给他,我可能会把事情搞砸。"

在做了更多研究之后,芭芭拉决定攻读公共卫生硕士学位,而不是回到法学院这对她来说似乎是一个更易于管理的行动方案,也更适合她意识到自己想要追求的职业方向。她被家附近的一个项目录取,参加了一次迎新会,在那里她发现了像她一样的传统的和非传统的学生,并开始思考如何才能最好地发挥她的才情和精力。

"对我来说,这就像是一种全新的生活。斯蒂夫和我感觉彼此更加亲近了。我不会说我们激情四射,但这对我来说已经不重要了,至少不像以前那样。我认为一对夫妻在结婚多年后应该有这种感觉,这种感觉更深刻、更私人。我比刚嫁给他时更尊重他,我相信这种感受是相互的。我们很幸运能够拥有彼此。当我回顾我是如何开始这整个过程的,我发现我永远无法预料到这条路会通向何方。"

需要坚持

对于那些志在实现重大人生转变(如大幅减重、戒烟、戒酒或戒毒)的人而言,这一旅程远不止于改变特定行为,更涉及生活方式的全面重塑与人际互动模式的深层调整。维持改变并持续向目标迈进,往往需要多维度努力:既要保持改变的初心与动力,又要灵活调整目标设定以增强可行性,既要持之以恒地践行具体改变,又要妥善应对突发障碍,并建立稳定的支持系统。这些复杂要求使得转变之路充满挑战,也让成功的不确定性远高于表面所见。尽管如此,对于那些"既能坚持核心目标,又懂得适时优化行动计划;既保持严格自律,又学会自我关怀"的人来说,这条道路也会以成功的改变告终。

若你正行走于这样的转变之路上,你可以从以下的描述中获得有用的指导,它描述了艾莉如何保持她的动机和承诺,并在实现目标的改变之路上取得了长足的进步。

艾莉的路径:"有时候我更期待与朋友共度时光而不是甜点"

经过一周的自我反思与调整,艾莉重新评估了减肥计划,适当降低了目标难度并优化了实施步骤。这种策略性的调整有效缓解了她潜意识里施加给自己的压力,使整个改变过程显得更具可行性。然而即便如此,她内心仍萦绕着挥之不去的疑虑。与吉尔讨论如何调整家庭饮食结构成为关键转折点。令她欣慰的是,吉尔不仅一如既往地给予支持(这完全在她意料之中),更主动请缨负责与孩子们沟通——不得不承认,由他出面确实能达到事半功倍的效果。孩子们的反应令人惊喜:虽然9岁的小儿子对即将失去饼干小声嘟囔了几句,但那位注重健康的15岁素食者大女儿却兴奋不已。最终全家人一致同意清理零食柜,用水果和米糕取而代之。这一改变显著降低了艾莉进入厨房时的心理负担,不过她仍会不自觉地在那里逗留过久。与此同时,好友南希也在职场给予鼎力相助:凭借其敏锐的预见性,南希成功引导同事们在秘书节聚餐时选择了一家健康餐厅。

艾莉开始每周都称体重,第一周减掉了3磅,第二周又减掉了2磅,她非常有信心。不过,当第三周她站到体重秤上,看到体重增加时,她感觉所有的动力都消失了。虽然她告诉自己要有耐心,最初的改变会让体重下降得非常好,但那个早上她没有告诉任何人她在体重秤上看到了什么。很快,尽管她给自己打气,但她发现自己在工作时躲着南希,甚至悄悄溜到小吃柜旁好几次。艾莉描述了当时的感受:

> "我内心非常难受,难以用语言表达。我买了一块糖果,在女卫生间的一个隔间里吃了起来。我感觉自己思绪万千,就像与自己的一场辩论,一个声音说:'你是一个失败者,不管你做什么,你都减不掉这个体重',另一声音说'坚持下去,体重秤不能衡量你的价值,甚至不能衡量你的进步'"。

那天,艾莉回到家后,直接去了卧室;吉尔知道有些不对劲,也跟着去了。虽然她像往常一样试图掩饰自己的感受,但这次她开始哭泣,一边哭一边说:"这没用,我会一直胖下去。"吉尔在她哭泣的时候抱着她,她继续告诉吉尔关于体重秤和糖果棒的事。吉尔让她休息一会儿,并告诉她他爱她,然后就下楼去了。

睡了一会儿后,艾莉下楼发现桌上有晚餐。这是她晚上不允许自己享受的奢侈,因为晚上要给家人做饭。她又哭了,不过这次是开心的。她坐下来,听孩子们诉说他们是如何帮助父亲准备晚餐的,她15岁的大女儿跳起来把他们专门为她准备的健康餐盘端到她面前。

后来,吉尔问艾莉,他们可以做些什么来更好地支持她,帮助她防止这些不可避免的挫折演变成危机。经过共同思考,他们一致认为不再称重是一个好主意。而艾莉此后坚持这个决定,改成一个月称一次体重。当她告诉他,那个晚上不用做晚餐的感觉有多好时,吉尔同意和孩子们一起努力,让艾莉每周至少有三个晚上不进厨房。他还问她是否愿意和他一起加入保龄球联赛或者参加一个交谊舞班,那是她好多年前就想让他做的。她知道他对跳舞的真实感受,她很感激,于是选择接受了他的保龄球想法,这不仅让她进步了一点,还结交了一群新朋友。

艾莉还采纳了她大女儿的建议:她不再等到体重达到一定标准才给自己买新衣服,而是开始定期做头发或修指甲,并购买一件新物品——衣服、手提包,甚至袜子,无论她认为自己的体重发生了什么变化。艾莉发现,做这些事情会让她保持在正轨上,而不会被体重秤上的数字所困扰,并有助于从容应对每个月体重减轻的变化。她甚至第一次允许自己去做按摩。

她也继续允许自己吃一些安慰食物,只是不那么频繁,吃得也不那么多。在工作上,她和南希开始一起度过下午的休息时间,有时一起去散步或者喝杯下午茶。她也重拾了钩针编织,吸引了工作中的几名女性也请她教她们如何钩针编织。现在,艾莉和她的"学徒"每周一次在休息时间做钩针编织,她发现自己但凡需要动手做点什么,就会做钩针编织,尤其是当她感觉到紧张或有压力的时候。她计划为女儿织一件毛衣,为南希织一条围巾,以感谢她们所有的帮助。

艾莉感到更加平静了,但知道还有许多工作要做:

"经过这段时间的努力,我已经成功减重17磅。这个数字虽然离最终目标还有距离,却已经让我重新认识了自己。更令人欣喜的是,这场蜕变带给我的远不止体重的变化——我感到与信仰更近了,仿佛正在活出上帝期许的那个更好的自己。当下的改变确实伴随着些许不适,但我深知这些都是成长的阵痛。我开始领悟:微小的进步同样值得庆祝,它们与失败截然不同。更让我触动的是,当我敞开心扉接受亲友的帮助时,竟发现给予和接受同样美好。现在,与挚友促膝长谈的期待,甚至超越了往日对甜点的渴望——这种转变,或许就是最好的礼物。"

暂时的挫折

对于开始改变的人来说,这是最危险的道路。对于那些在迈向目标的过程中经历一个或者多个挫折的人来说,挫败感甚至气馁是不可避免的。然而,这些感受不一定会导致绝望和放弃改变进程。如果能够理解挫折的本质,那么改变的道路就很容易辨识了,恢复起来也不会那么困难。挫折就是暂时(完全正常)恢复到高度熟悉的行为,因此很容易发生,最常见的是在压力大时或者在放松时(当一个人放松警惕,并允许自己"本能地"做出回应时),这两种情况似乎比较矛盾。

具有讽刺意味的是,这条转变之路的真正挑战并非源于挫折本身,而是来自人们对挫折的特定认知方式。当戒酒者偶然复饮、戒毒者短暂复吸、戒烟者一时屈服于烟瘾,或是已控制愤怒情绪的人再次情绪爆发时,最危险的往往不是行为本身,而是随之而来的灾难化解读——那种"我终究还是会重蹈覆辙"的绝望信念,或是"我永远不值得被信任"的自我否定。这种思维会触发一个极具破坏力的"可怕三角":焦虑、逃避与自责(以及其更具毒性的变体——令人窒息的羞耻感)。

这种心理机制往往导致一个可预见的恶性循环:为了缓解当下的焦虑,当事人可能采取以下三种自我挫败的应对方式。首先,直接重拾想要戒除的行为(如复吸、复饮或情绪爆发);其次,启动防御机制,通过合理化来弱化改变的必要性("反正我也改不了");最后,实施自我惩罚(如自我贬低、剥夺重要机会),这种行为反而为回归旧有模式提供了借口,使改变之路变得更加艰难。

如果你已经踏上了挫折之路,我希望你能读一读科林的故事,并从中找到摆脱这可怕三重境遇的方法。就像你看到的,在取得初步进展后,科林发现他面对的挫败差点让他放弃自己以及对他意义重大的目标。他成功抵制了这种诱惑,从挫折中吸取教训,而不是让挫折伤害自己,并重新致力于改变的进程。在你遇到你的挑战时,这些方法可能为你提供有用的指导。

科林的路径:"我必须更好地照顾我自己的感受"

在最初的几个月里,科林能明显感受到与保罗关系的改善,那股时常翻涌的怒气也逐渐平息。他坚持着既定的改变计划,还报名参加了冥想课程——这项尝试带来了意外的收获,不仅帮助他更好地管理情绪,更让他开始倾听内心真实的声音。随着内心渐渐平静,科林开始为新工作室绘制蓝图,在家创作的时间也明显增多。他刻意调整与保罗相处的方式,尝试真正理解对方的感受,走进他的内心世界。每当感到烦躁或沮丧时,他不再像从前那样冲动反应,而是选择暂时离开,独自散步平复心情。

然而,科林时常暗自思忖:究竟还要多久,才能重新找回与保罗之间那种曾经的亲密无间?什么时候他们的相处才能恢复从前的自然与默契?就在关系看似渐入佳境时,保罗却突然开始若即若离,刻意保持着某种微妙的距离。

某个寻常的晚餐后,科林心中那份熟悉的渴望再次涌现。这一次,他决定不再犹豫。当两人坐在沙发上时,他轻轻挪近保罗,伸手将他拉向自己:

> "他微笑着,很有礼貌地把我的手从他身上拿开,说现在不是好时机。我的失望肯定都写在脸上了,因为他温和地说,我们一起经

历了这么多，他不想因为进展太快而把事情搞砸。我不假思索地说，对他来说的'太快'对我而言早已是漫长的等待。好吧，这显然是不合适的说法，他的眼神骤然冷了下来，声音也变得生硬：'如果你真的这么不满意，那或许我们就不该继续……'我其实知道这不过是他的自我防御——他受伤时的本能反应，但理智的弦已然崩断，甚至来不及深呼吸或转身，愤怒便如岩浆般喷涌而出。'又是这样！'我声音颤抖地吼道，'永远用这种冷暴力来逃避亲密！'伤人的话语像利箭般接连射出，而他则以更激烈的言辞回击。最终，我怒气冲冲地走了出去。"

那天晚上，科林住在一家酒店。第二天，他回来了，但他觉得和保罗之间的关系仿佛又回到了原点，甚至更糟。他们进出都互相回避。科林在接下来一周时间都在想办法如何结束这段关系，一劳永逸。他对一切都感到很糟糕，他自己、保罗以及他们付出的所有努力。他告诉自己，这一切都是徒劳的，他们俩不配。他一边想着保罗太脆弱，不愿意正视自己在他们的问题中所扮演的角色，一边又认为自己毫无希望，责备自己太愚蠢，搞砸了他曾经拥有的最好的东西。他很痛苦地等待着保罗告诉他，他已经完了。

最终，他再也无法忍受了，就去了朱迪家里。一开始他表现得好像自己很好，即使朱迪告诉他她知道发生了什么事，他还是如此。但是晚餐过后，他说他不知道该怎么做，他感觉非常糟糕，害怕保罗说他要离开。他告诉她，他终究是发脾气的次数太多了，不能怪保罗。

科林从朱迪脸上看出了严肃且困惑的表情。她说保罗并不想离开，他深深爱着科林。她说，虽然保罗对最近的这次爆发感到不安，但是他所受的伤害并没有之前受的伤害那么大，因为他在情感上一直保持着安全距离。她说，保罗已经预料到这种情况最终会发生，虽然保持距离是为了自我保护，但他知道这对科林来说很难。

在跟朱迪畅谈一番之后，科林对情况有了更清晰的认识。他明白保罗保持距离是一种维持关系并逐渐重建信任的必要方式。不过，他也清楚地认识到要适应保罗这种重建信任的节奏——那是保罗维持关系的独特方式——他需要专业的支持。于是,他克服拖延,主动寻求并联系了一位心理治疗师。他始终记得朱迪说过那句富有洞见的话:当你专注于自我成长,而不是急切地向保罗索要改变的证明时,你反而会更容易发现那些进步的信号。

当科林第一次与他的新治疗师会面时,他立刻感到很自在。他告诉保罗,他打算继续努力。保罗的回应是,他也在努力,第一次让科林重拾了挫折(他的治疗师称为挫折)之前的希望。保罗还告诉他,他不认为他们又回到了原点,他能感受到科林的努力所带来的改变。科林的想法虽然仍带着情绪化色彩但却展现了不屈服的韧性,既清醒地认识到未来的挑战,又保持着对可能性的开放态度。

> "我无法确定自己是否完全相信保罗所说的一切,但能这样平静而真诚地与他交流,确实让我感到宽慰。让他真正倾听我的想法,而不是用愤怒的喊叫来表达——在这方面我确实还有很长的路要走,但我决心要做得更好。我越来越清楚地意识到,把更多注意力放在自己身上是正确的选择。但更准确地说,我需要学会更好地照顾自己的情绪,而不是期待保罗来填补这个空缺。这种感觉很微妙——就像我必须先松开紧握保罗的手,我们才有可能以一种全新的方式真正靠近彼此。"

自我奖励即是自我关怀

不管你的改变过程遵循哪条路径,维持改变的关键是确保你的努力能够改善你的生活,而不是只工作不娱乐。就像我们看到的,我们所做的改变有时候会带来其固有的回报,尤其是当你所走的路径包括需要最大努力才能获得的渐进式改变或者你必须面对和克服的挫折时,创造机会让自我感觉良好并肯定自己正在努力工作,这构成了有效的自我关怀,并可以帮助你保持所需的动力,以将努力坚持到底。

有时候,当改变变得艰难时,人们会质疑自己是否真的值得感觉这么好或奖励自己。所以在我邀请你考虑你最喜欢什么样的奖励之前,我想让你记住为什么你值得拥有它们。

请想一想你曾经收到过的最美的赞扬,问问自己以下问题:

- "是谁给我的赞扬?"
- "是什么让我如此难忘,如此有价值?"
- "它告诉了我什么关于我自己的事情,我不知道或者直到有人指出它时,我才意识到?"

在不同的时间,科林和艾莉都经历了需要用坚持不懈来面对挫折的改变过程。一个对自己感到失望,另一个性格上不愿意考虑她能为自己做的好事。他们发现很难想象自我奖励的前景。你可以看到他们对这些问题的回答,然后你把自己的回答写在日记中。

· ·

我收到过的最好的赞扬

科林

> 对我艺术作品的赞美非常好,但是这些赞美通常不会留在我身上,因为我总是专注于下一件作品。但有一次赞美对我来说意义重大。有一个小女孩洛里,住在我们公寓楼里,她以前经常来看我画画。我喜欢她,因为对于一个7岁的孩子来说,她有点古怪。我会在工作时和她聊天,谈论各种各样的事情,或者就只听她讲故事。有一天,我遇到了她母亲,她告诉我他们要搬家了,她想感谢我,花了那么多时间陪伴洛里。她告诉她父母我帮助她应对了学校里的孩子和搬家的事宜。她说我让她知道她对这个世界的看法是独一无二的,这给了洛里自信。我一直记得那一刻,我觉得自己很特别,因为我可以做我自己并陪伴她就可以给她这种感觉。

艾莉

我一直很难直接接受赞美。当我的保龄球平均成绩开始上升时，我得到了社团中其他成员的很多赞美。这种关注很难接受！但是跟我学钩针编织的女士们告诉我，我是一位多么优秀的一位老师，我的作品是那么可爱。有好几个人都问我他们是否可以定制礼物。我想告诉她们这没什么，但我承认，这真的感觉很好。但是有史以来最好的赞美是什么呢？那一定是上周我从小女儿那里得到的。当她告诉我，她长大后想成为我这样的人——"妈妈，你可以做任何事情，我的朋友们都说我有一个最好的、最有趣的妈妈，而且你是那么美丽！"她是我的铁粉。

我希望现在你已经准备好考虑奖励你自己，并思考如何奖励自己。就像改变计划中其他部分一样，奖励也不可能"放之四海而皆准"；对一个人来说是奖励的东西，对另一个人来说可能并不那么激励。同时，你可以遵循一些有用的指导原则。

心理学家爱德华·德基（Edward L.Deci）及其团队通过大量实证研究发现，奖励的实际效果取决于受奖励者是否感受到自主掌控感。当我们纯粹出于内在动机行事时——无论是沉浸于游戏、追求兴趣爱好、为所爱之人付出，还是其他任何活动——我们既不需要也不期待外在奖励，因为行动本身带来的愉悦与满足就是最好的回报。颇具讽刺意味的是，外在奖励反而可能削弱我们原有的兴趣。试想这样的场景：你精心为朋友准备了一份惊喜礼物，对方却执意要付钱作为回报。这种情境下，你很可能会感到被冒犯："我送你礼物绝不是为了得到报酬！仅仅是出于想让你开心！"原本赠予的喜悦瞬间大打折扣，因为这份纯粹由内在动机驱动的慷慨行为，被外在奖励异化为了一场交易。

另外，奖励是我们行为表现的反馈，它告诉我们在努力完成某件事时我们做得有多好。这种奖励通常不被认为是一种控制。相反，它们经常提供有用的信息，以衡量我们在内心有动力去做的事情上的进步。这就是为什么学生在特定的情境下，即当他们对所学科目感兴趣并感到作业有点挑战时，得到的分数肯定了他们的努力学习，并让他们知道他们已经掌握了这些材料，他们就会更有动力去学习。

因此，真正有效的自我激励不仅在于选择能带来真实满足感的奖励，更在于避免将奖励异化为控制手段——比如"必须再工作一小时才能获得奖励"这样的条件式要求。这种外在控制极易触发心理抗拒（"我想要的话现在就可以犒赏自己！"）。

更可取的做法是：给予自己无条件的正向反馈——不将奖励与特定行为挂钩，而是用来认可你在改变过程中持续付出的努力，并真诚地欣赏这份需要勇气与毅力的成长历程。

科林和艾莉最终都发现，在改变计划中加入自我奖励是有价值的补充。在把你的答案在日记上之前，请参考以下他们提出的建议。

∙∙

我该如何奖励自己为改变而不断做出的努力？

科林

> 我更多地和画廊的其他艺术家们一起出去玩，这个画廊是我最初展示作品的地方。我也决定在我想要自我发展的领域参加一些课程——从法语学习开始，从而让法语更加流利。我也从治疗师那里学到，我需要增加有益的行为，而不只是努力停止问题行为。所以，保罗和我就开始了一个新的仪式，隔周给彼此一个惊喜。有时候是带对方去新的地方；有时候是告诉对方一个他不知道的往事，或者一本新书，或者其他任何东西。我们总是会写一张卡片，放进一个信封里，上面解释了我们为什么选择它。（这是我对治疗师的建议——每周约会一次，进行的创新改良！）我喜欢知道他在想着我们之间的事情，这有助于我们对此充满期待。取悦对方也没有什么压力，因为关键在于我们想分享什么，为什么要分享。

艾莉

> 我从帮助他人中获得的回报非常满意。当有活动要参加时,我开始期待奖励自己一套衣服。我还注意到,当我意识到我可以更轻松地挪动我的身体时,我会获得良好的感觉,它让我想到未来我可以做的有趣的事情,像骑自行车、游泳,甚至跳舞。这样的想法让我内心感觉很好。

展望

在本书即将结束之际,我希望你从中找到适合自己的方法,不仅能解决你第一次读到"生活中的某些事情已成为你的问题"时所遇到的矛盾心理,还能以不同的方式看待、倾听和接纳自己,感觉可以在准备好的时候做出你想要做的改变。理想情况下,你通过阅读本书累积的经验可以作为你应对未来困境的模板,因为我可以肯定的一件事是,你和其他人一样,在一生中也会面临这些困境。

因此,我想请你最后一次反思你的经历。回到一开始的地方,思考你从那时起所读、所写和所想的一切,请问自己:"我现在知道的哪些,是我以前不知道的? 我学到了什么,我想带走?"把你的想法写在日记上。

我们以几位陪伴者对这些问题的回答来结束。

我从自己的改变过程中学到了什么?

亚力克

> 我学到的一件事是,婚姻中出现矛盾时,不一定非是"我与你"之间的矛盾。其实我们真正想要的是同一个东西,但是我们却陷入了一场拉锯战中。我花了很长时间才明白温迪生气的是我的酗酒,不是要

与我为敌，她只是关心我，并且想念我们曾经在一起的美好时光了，她想要被尊重，就像我想要被尊重一样。另一件事是，当我照顾好自己时，事情会变得更好。当你只关注工作和压力时，很容易陷入其中。我忘记抽出时间享受生活并保持平衡。

芭芭拉

我从一开始就知道，接纳自己的感受很重要，这样才能了解它意味着什么，以及这种感受会把你带向何方。我很害怕自己的感受，我试图压制它们或者很冲动地做一些事情来摆脱它们。这帮助我慢下来，不期待马上知道所有事情的正确答案。我还了解到，他人不只是一个物品，但是如果你将他们视为物品，那他们对你来说就只是物品了。我觉得斯蒂夫是木讷的、无趣的，因为我不关注他已经很长时间了！我一直都知道如何设定目标并努力实现它，但我真的不知道如何给自己或者他人空间来从内心改变。这是极其珍贵的一课，我打算坚持下去。

科林

我其实还在学习中。我知道我可以接受我伤害了某人并且需要改变，但这并不意味着我"错了"而他是"对的"。那恰恰是因为有些事情对我无害，不代表不会伤害到别人。我没有必要因为我爱的人告诉我他不喜欢我所做的事情，就把他当成敌人。但我也意识到我可以通过委婉的方式表达自己，人们会倾听，至少是那些关心我的人。这听起来很荒谬，但在这一切开始之前，我以为我已经完成了作为一个人的成长，就像我就是那个我，故事就这样结束了。现在我知道改变很难，但这是可能的。

达娜

我认为我学到的并不多,因为我记起了内心深处早已知道但一度忘记的东西。当某件事真的对我很重要,而且我感觉自己受到了精神上的指引时,没有什么能真正阻挡我。我寻找自己真正的使命已经很长时间了,但一直没有成功。一旦我意识到需要做什么,我所要做的就是相信自己的良好判断力和责任感会帮助我渡过难关。我认为,当生活需求开始占据主导地位时,很容易迷失方向,但我很高兴,我再次找到了自己的道路,我知道这就是适合我的道路。

艾莉

最重要的是,我认识到,我不能一直告诉自己这样做不对,即使我"知道"我应该愿意让他人来帮助我。我不能只给予别人,却不珍惜自己。我跟其他人一样,也有需求和欲望。全然接纳这些还是很难,但我正在努力。

附录

动机式访谈的历史和科学性

动机式访谈是威廉·R.米勒博士创立的,他目前是新墨西哥大学心理学和精神病学杰出的名誉教授。[他以谦虚和不自负而闻名,当我祝贺他在退休时被授予名誉教授称号时,他(比尔,每个人都这样称呼他)冷冷地回答:"名誉"这个词的字面意思就是"以前的功绩"。]

20世纪70年代,美国的心理学系普遍对相互竞争的理论和取向保持着严格甚至敌对的界限,而比尔作为那时候的心理学研究生,非常有幸在俄勒冈大学接触到"来访者中心"(后来叫"以人为中心")的咨询方法,这是由人本主义心理学家卡尔·罗杰斯研发,其代表作《论成为一个人,一种存在方式》,他的学生托马斯·戈登将其加以推广,其代表作《父母效能训练》。

一方面,他接触到了基于 B.F.斯金纳(《科学与人类行为,关于行为主义》)的条件理论和社会学习理论和杰拉尔德·R.帕特森的行为家庭治疗(《家庭:社会学习在家庭生活中的应用》)的"认知行为"治疗方法;另一方面,比尔的一位老师哈尔·阿科维茨博士后来成为"心理治疗整合"运动的核心人物,该运动试图打破这些理论之间的壁垒,汇集所有可用方法中的最佳方法;巧合的是哈尔后来接受了动机式访谈的培训,并作为作者和编辑为动机式访谈的文献做出了重要贡献。

毫不夸张地说,动机式访谈代表了两种看似不可调和的咨询方法的整合。比尔能够将这些理论和其他社会心理学理论的各个方面结合起来，源于他从根本上讲究务实的思维方式。他的兴趣不在于这些理论之间是否兼容（可以说它们并不兼容），而在于每种方法是否都能为咨询师和其他临床医生在日常服务客户的工作中提供有价值的帮助。

在退伍军人管理局酒精康复中心的临床实习期间，比尔第一次想到了动机式访谈。当时，为酗酒者提供咨询的主要方法就是"对抗否认"模式。跟你在电视节目上看到的干预或者无数其他流行的描述类似，"酗酒者"被认为患有否认症状，据说否认症状使得他们无法认识到饮酒造成的伤害；人们认为，帮助他们的唯一办法就是不惜一切代价"突破"这种否定，迫使他们看到自己行为的真相。然而，对于比尔来说（就像我们后来通过与物质使用障碍患者工作而加入动机式访谈的许多人一样），治疗任何人都用这种方法——是不是"酒鬼"——都与他所学到的帮助人际关系的所有知识背道而驰，更不用说他同情和尊重他人的个人价值观了。因此，比尔就开始使用之前跟其他人工作过的方法来跟退伍军人管理局的来访者对话，试着去理解他们看待自己和世界的方式，并在此理解的基础上，帮助他们确定他们愿意努力改变的行为，然后帮助他们做出这些改变。

然而，直到比尔在挪威卑尔根度了一个假，偶然地和一群年轻的挪威心理学家一起参加了一次临床实习，动机式访谈的方法才得以形成。正如比尔多次讲述的那样，这些聪明的年轻临产医生不断向他提出问题，问他为什么他对一个正在进行交谈的来访者采用这种或那种方法，为什么他向他的被督导者推荐某种特定的干预方法。比尔第一次被迫将他的基本假设和指导他实践的隐性规则用文字表达出来，这很鼓舞人心，他起草了一篇文章，于1983年以简短的形式发表，题为《对问题饮酒者的动机式访谈》（*Motivational Interviewing with Problem Drinkers*）。2008年，为了庆祝动机式访谈成立25周年，我有幸作为动机式访谈培训师网络（MINT）的时事通讯 *MINT Bulletin* 的编辑，在简报上以传真的形式发表他的那篇文章的原始未删减手稿；你可以在网上免费找到它。

三十多年后再回头看这篇文章，令人惊讶的是，我们现在对动机式访谈的理解在它的第一次发表中已经有很多了。我认为比尔也有"喜鹊"倾向,他挑选不同疗法中的最好的部分来建立和形成自己的创新——最突出的是认知失调理论。("认知失调",解释了为什么帮助人们关注他们的行为和态度之间的差距可以激励他们改变行为,后来让位于"差异"论、自我调节与目标达成理论。"差异"是指这个人现在在哪里与他想要去哪里之间的差异,或者这个人现在是谁与她想要成为谁的差异。)

比尔的原稿在美国发表后的几年并没有引起什么关注,但英国却并非如此。(发表这篇文章的杂志在英国。)在英国和欧洲其他地方,心理学家开始探索动机式访谈原理应用于酒精和药物使用障碍患者以及饮食失调患者身上,这些患者在很多方面都类似于上瘾行为。当比尔获知动机式访谈已经蔓延到临床实践中时,他感到有点尴尬,他是一个研究人员,却在这里发布了一种咨询方法,没有任何研究证据,只有他自己的临床经验。因此,他开始修正这一疏漏,开展了一系列研究,这些研究将确立动机式访谈作为循证干预措施的地位。

但在讨论这些研究之前,我需要告诉你我们现在所知道的动机式访谈第二次创立时刻。1989年,在比尔访问澳大利亚期间,他遇到了一位英国(来自南非)心理学家,名叫史蒂芬·罗尔尼克博士(Stephen Rollnick, PhD),他告诉比尔,他偶然看到过动机式访谈的原始文章,并开始按照其描述的方法去实践,然后也用这种方法培训其他人。他们感觉志趣相投,于是比尔邀请史蒂夫(Steve,这是他的普遍称呼)合著一本书,在书中他们将介绍动机式访谈的拓展和更新版本。1991年,吉尔福德出版社(The Guilford Press)出版了《动机式访谈:帮助人们改变成瘾行为》(*Motivational Interviewing: Preparing People to Change Addictive Behavior*),这使得动机式访谈的受众比以前更加广泛,尤其是在美国。它还为动机访谈引入了更广泛的理论来源和临床实践,从莎朗(Sharon)和杰克·布雷姆(Jack Brehm)的阻抗理论(在第二章中有讨论)到欧文·詹尼斯(Irving Janis)的决策咨询,到阿尔伯特·班杜拉(Albert Bandura)的自我效能研究(在第五章中有讨论),再到达里尔·

贝姆(Daryl Bem)的自我知觉理论(在序曲一中有讨论),还有很多。而且,至关重要的是,它把矛盾心理放在了情境的中心,在这种情况下,动机式访谈可以最大限度地帮助那些正在努力改变的人,甚至带来变革。

从那时起,比尔和史蒂夫开始合作发展动机式访谈的理论和实践,通过吉尔福德出版社出版的另外两个版本的动机式访谈文本:《动机式访谈:为改变做好准备》(Motivational Interviewing: Preparing People for Change,2002),该书承认并进一步拓展了动机式访谈的研究范围,使其不再局限于成瘾问题;《动机式访谈:帮助人们改变》(Motivational Interviewing: Helping People Change,2013),该书承认动机式访谈的应用不仅限于"行为改变",也可用于人们难以应对的其他类型的改变中。在这些书籍和众多文章的发表期间,比尔和史蒂夫发展并完善了他们对动机性访谈(MI)"精神"的理解(在序曲中有介绍),其运作的概念结构(最初是五个,后来改成四个"原则",现在是:参与、聚焦、唤起和计划的"四个过程",还有其关键构成要素:重要性、信心和承诺)、动机式访谈执业者可以用来帮助人们解决矛盾心理的咨询策略和技术。在医学院找到了自己的职业归宿的史蒂夫,现在是威尔士卡迪夫大学医学院科克伦基础保健与公共卫生学院名誉接触教授,他还领导了动机式访谈向医疗保健领域的扩展,在这些环境中,为他们提供几本动机式访谈的书籍[1]和一些由护士和其他未经专业咨询师培训的人提供的有关动机式访谈的研究。

20世纪80年代后期,比尔进行了第一项动机式访谈的研究,测试一种简短的干预措施是否能够减少那些不想接受正式治疗[2]的问题饮酒者

---

1 Rollnick, S., Mason, P.G., & Butler, C.C.(1999). *Health behavior change: A guide for practitioners.* London: Churchill Livingstone; Rollnick, S., Miller, W. R., & Butler, C.C.(2008). *Motivational interviewing in health care: Helping patients change behavior.* New York: Guilford Press.

2 Miller, W.R., Sovereign, R.G.& Krege, B.(1988). *Motivational interviewing with problem drinkers: II. The drinker's check-up as a preventive intervention.* Behavioural Psychotherapy, 16, 251-268.

的饮酒问题,这些干预措施包括全面评估,然后进行一次60~90分钟的动机式访谈,以及对评估结果的个性化反馈。这项初步研究之后又进行了数项研究,测试动机式访谈作为正式治疗前奏的有效性,这对于进入门诊酒精治疗项目[1]的成年人,进入门诊成瘾治疗项目[2]的青少年以及进入住院酒精康复[3]的成年人而言,均是如此。当每一项研究都显示动机式访谈的积极效果时,其他研究人员也开始感兴趣了——其中最突出的是后来成为有史以来规模最大的心理治疗研究的开发者,该研究对比了几种咨询师在门诊或者后来住院解毒时为酒精依赖患者提供咨询的方法:美国国家酒精滥用和酒精中毒研究所(NIAAA)多点研究,称为MATCH项目。

正如其名称所暗示的那样,MATCH项目的目标是发现不同的咨询方法是否更好地"匹配"不同类型的酗酒者。结果发现,尽管付出了巨大努力来具体化和测量大量潜在匹配变量,但在这方面收获甚微。(相比其他方法,愤怒的人从动机式访谈中获益更多;社交网络高度关注酒精的人用"12步酒精滥用"咨询模式更有效。)然而,让许多人感到惊奇的是,动机式访谈的4次干预措施,被称为动机增强疗法(MET)[4],在帮助来访者改变酒精使用习惯方面,其总体效果跟认知行为治疗的12次面谈或者12步促进疗法一样有效。

动机增强疗法(MET)在MATCH项目中的成功,加上动机式访谈可

---

1 Bien, T.H., Miller, W.R., & Boroughs, J.M.(1993). *Motivational interviewing with alcohol outpatients.Behavioural and Cognitive Psychotherapy*, 21, 347-356.

2 Aubrey, L.L.(1998). *Motivational interviewing with adolescents presenting for outpatient substance abuse treatment.* Unpublished doctoral dissertation, University of New Mexico.

3 Brown, J.M., & Miller, W.R.(1993). *Impact of motivational interviewing on participation and outcome in residential alcoholism treatment.* Psychology of Addictive Behaviors, 7, 211-218.

4 Miller, W.R., Zweben, A., DiClemente, C.C., & Rychtarik, R.G.(1992). *Motivational enhancement therapy manual (Project MATCH Monograph Series, Vol.2).*Washington, DC: National Institute on Alcohol Abuse and Alcoholism.

以提供短程(1~4次)心理干预,是众多研究者对动机式访谈兴趣激增的主要原因,他们研究如何在各种不同的环境中帮助人们解决各种各样的问题。至今,动机式访谈已经在250多个"随机对照试验"(RCTs)中进行了测试。这种类型的研究(在医学研究和心理治疗方法测试中被认为是"黄金标准")可以确定一种治疗方法是否完全有效(通过跟"安慰剂"相比,或者跟预期不会产生任何效果的治疗方法进行比较),或者是否与其他真正的治疗一样有效或效果更好。心理学家、精神病学家、社会工作者、咨询师、护士、医师、牙医、营养师、刑事司法专家以及其他人都提供了此类研究,并且表明其在不同的情况下都有积极效果,像焦虑症、哮喘、脑损伤、心血管健康、牙科、糖尿病护理、节食、家庭暴力、双重障碍(精神病和物质滥用)、饮食障碍、急诊科创伤预防、锻炼、家庭治疗、赌博、艾滋病毒/艾滋病、药物依从性、心理健康治疗参与、肥胖、疼痛治疗、缓刑和假释、性风险降低和烟草使用等。在一系列"元分析"中,研究者们结合多项研究的结果来评估一种治疗方法的总体效果,结果显示,动机式访谈一直被证明是一种有效的短程干预措施,虽然和其他所有的治疗干预措施一样,动机式访谈并非在每种情况下都有效,且效果各异。

动机式访谈是否"有效"? 一般认为是确定的:动机式访谈(MI)有效。但是"随机对照试验"并不能回答另一个同样重要的问题:动机式访谈为何有效以及如何有效?(动机式访谈有效和无效时有什么不同?)虽然动机式访谈理论为其有效性提供了合理的解释,但仍需研究打开动机式访谈这个"黑匣子",深入研究以确定其有效成分或"作用"机制,即动机式访谈产生效果的具体原因。

要做到这一点,一种方法是对比两个略有不同的动机式访谈版本,看看其中一个版本是否比另一个版本更好,这意味着高级版本中所应用的策略或者技术至少是动机式访谈影响力的部分来源。比尔进行了第一项此类研究[1]，对比两种"评估和反馈"干预方法：一种以动机式访谈（共情、非对抗性）提供反馈，另一种以更具对抗性的方式提供相同的反馈。正如预期的那样，那些收到共情、非对抗性反馈的人在饮酒量上减少更多，并且在任何咨询会谈中的对抗量都可以很好地预测来访者一年后饮酒量增加的情况。类似地，将传统的以来访者为中心的咨询和动机式访谈进行对比，结果表明，它的有效性不仅仅是以来访者为中心的组成部分的产物[2]。

后来，出现了一种更加详细和具有启发性的方法来理解在动机式访谈期间发生的事情，包括"编码"或标记咨询师和来访者在动机式访谈会谈中所说的话，并寻找这些对话在咨询结束后对来访者行为的影响，这产生了一项具有里程碑意义的研究，开创了动机式访谈定量过程研究的重要类别。在与心理语言学家保罗·阿姆海因（Paul Amrhein）博士的合作中，比尔和其同事对来访者在动机式访谈会谈中"改变性对话"（在序曲一中有讨论）进行了编码，发现表达更多承诺的来访者在咨询后更有可能改变他们的药物使用方式[3]。在随后的几年里，动机式访谈研究者（和执业者）特蕾莎·莫耶斯（Theresa Moyers）博士拓展了编码的方法，不仅给来访者的语言编码，还给咨询师的语言编码，在一系列重要的研

---

1 Miller, W.R., Benefield, R.G., & Tonigan, J.S.(1993).Enhancing motivation for change in problem drinking: A controlled comparison of two therapist styles. *Journal of Consulting and Clinical Psychology*, 61, 455-461.

2 Sellman, J.D., MacEwan, I.K., Deering, D.D., & Adamson, S.J.(2007).A comparison of motivational interviewing with non-directive counseling. In G. Tober & D. Raistrick (Eds.), *Motivational dialogue: Preparing addiction professionals for motivational interviewing practice* (pp. 137-150).New York: Routledge.

3 Amrhein, P.C., Miller, W.R., Yahne, C.E., Palmer, M., & Fulcher, L.(2003). Client commitment language during motivational interviewing predicts drug use outcomes.*Journal of Consulting and Clinical Psychology*, 71, 862-878.

究[1]中论证了动机式访谈执业者的人际交往技能(即共情、合作和对来访者自主权的支持)和技术使用能力(即使用与动机式访谈一致的技术)都使得来访者更有可能在动机式访谈期间进行改变性对话[2],并且参与更多改变性对话(不仅仅是承诺谈话)的来访者更有可能在咨询结束后做出改变。其他研究人员还调查了动机式访谈实践中各种组成部分,期望可以阐明哪些组成部分对于有效的动机式访谈实践是必要的,哪些不是;特别是"肯定"似乎发挥了特别强大的作用。[3]

尽管已经发表了大量关于动机式访谈(MI)的研究,但是在很多方面,我们的理解还处于初级阶段,比如是什么使得动机式访谈成为有效的心理咨询方法,最终如何更好地实施动机式访谈以造福那些陷入矛盾并寻求帮助以解决它的人,还有待进一步研究。在未来十年甚至更长时间内,我们期待不仅从我在此书描述的研究中有所学习,而且还能从新

---

1 Moyers, T.B., & Marin, T.(2006).Therapist influence on client language during motivational interviewing sessions.*Journal of Substance Abuse Treatment*, 30, 245-251; Moyers, T. B., Martin, T., Houck, J. M., Christopher, P. J., & Tonigan, J.S.(2009).From in-session behaviors to drinking outcomes: A causal chain for motivational interviewing. *Journal of Consulting and Clinical Psychology*, 77, 1113-1124; Moyers, T.B., Miller, W.R.& Hendrickson, S.M. (2005).How does motivational interviewing work? Therapist interpersonal skill predicts client involvement within motivational interviewing session.*Journal of Consulting and Clinical Psychology*, 73, 590-598.

2 See also: Borsari, B., Apodaca, T.R., Jackson, K.M., Mastroleo, N.R., Magill, M., Barnett, N.P., et al.(2014, August 11).In-session processes of brief motivational interventions in two trials with mandated college students.*Journal of Consulting and Clinical Psychology.*Advance online publication.*http://dx.doi. org/10.1037/a0037635*; Magill, M., Gaume, J., Apodaca, T.R., Walthers, J., Mastroleo, N. R., Borsari, B, et al.(2014). The technical hypothesis of motivational interviewing: A meta-analysis of MI's key causal model.*Journal of Consulting and Clinical Psychology*, 82, 973-983.

3 Apodaca, T.R.Borsari, B, Magill, M (2014, June).Which individual clinician behaviors elicit or suppress client change talk and sustain talk? Paper presented in plenary session at the 4th International Conference on Motivational Interviewing, Amsterdam, Netherlands.

方法中有所学习,包括神经成像技术,它能对个体在参与动机式访谈时的大脑活动情况进行成像,从而了解动机式访谈在神经层面的影响。[1]动机式访谈新的应用已经出现了并显示出前景——其目的包括帮助潜在的器官捐献者解决关于捐赠的矛盾心理,这种矛盾心理已被证明会导致那些将生命赠予需要它的人的利他主义者的术后结果较差[2]。动机式访谈的社区成员,一直在吉尔福德出版社及其他出版社[3]出版自己的著

1 Feldstein Ewing, S. W., Filbey, F. M., Hendershot, C., McEachern, A., &. Hutchison, K. E. (2011). A proposed model of the neurobiological mechanisms underlying psychosocial alcohol interventions: The example of motivational interviewing. Journal of Studies on Alcohol and Drugs, 72, 903-916; Feldstein Ewing, S.W., Filbey, F M., Sabbineni, A., Chandler, L.D,.& Hutchison, K.E. (2011). What psychosocial alcohol interventions work: A preliminary look at what fMRI can tell us. Alcoholism: Clinical and Experimental Research, 35(4), 643-651: Feldstein Ewing, S.W., McEachern, A.D., Yezhuvath, U., Bryan, A. D., Hutchison, K.E., & Filbey, E.M. (2013), Integrating brain and behavior: Evaluating adolescents' response to a cannabis intervention. Psychology of Addictive Behaviors, 27, 510-525; Feldstein Ewing, S. W., Yezhuvath, U., Houck, J.M., Filbey, F.M. (2014). Brain-based origins of change language: A beginning. Addictive Behaviors, 39, 1904-1910.

2 Dew, M.A.DiMartini, A.F., DeVito Dabbs, A.J., Zuckoff, A.Tan, H.P., McNulty, M. L., et al. (2013). Preventive intervention for living donor psychosocial outcomes: Feasibility and efficacy in a randomized controlled trial. American Journal of Transplantation, 13, 2672-2684.

3 Douaihy.A.Kelly, T.M., & Gold, M.A.(2014). Motivational interviewing: A guide for medical trainees. New York: Oxford University Press; Schumacher, J.A., & Madson, M. B. (2014). Fundamentals of motivational interviewing: Tips and strategies addressing common clinical challenges. New York: Oxford University Press.

作,介绍如何在各种人群和不同问题[1]中使用动机式访谈(MI)。这些成员以动机式访谈培训师网络(MINT)为中心,是一个拥有1200多个动机式访谈培训师、执业者和研究人员的国际组织,他们来自35个以上的国家,使用20种以上不同的语言,而我则是从2008年到2014年担任其董事会成员(过去两年担任主席)。关于如何帮助执业者学会更加熟练地进行动机式访谈的研究也越来越多,同时如何帮助组织采用动机式访谈来改善其咨询服务的研究也开始兴起。

从动机式访谈执业者、培训师和研究人员的角度来看,有机会为一个相对年轻、充满活力且不断发展的咨询方法做出贡献,可以带来尽可能多的职业满足感。从普通大众的角度来看,随着我们对如何提供动机式访谈以及教别人使用动机式访谈的持续发展,我们有充分的理由期待,动机式访谈将给那些卡在矛盾中无法解脱的人带来越来越多的好处。

---

1 Arkowitz, H., Westra, H.A., Miller, W.R., & Rollnick, S.(2015).Motivational interviewing in the treatment of psychological problems (2nd ed.).New York: Guilford Press; Hohman, H.(2013). Motivational interviewing in social work practice. New York: Guilford Press; Near-King, S., & Suarez, M.(2010), Motivational interviewing with adolescents and young adults. New York: Guilford Press; Wagner, C.C., Ingersoll, K.S.(2013).Motivational interviewing in groups.New York: Guilford Press; Walters, S.T., & Baer, J.S.(2005).Talking with college students about alcohol: Motivational strategies for reducing abuse. New York: Guilford Press; Westra.H.A.(2012).Motivational interviewing in the treatment of anxiety.New York: Guilford Press.

关于作者

艾伦·祖科夫(Allan Zuckoff)博士是一位心理学家,在美国和世界各地从事动机式访谈的专业培训工作。他也致力于研发动机式访谈新的应用,以帮助那些面对各种个人挑战和生命议题的人们。祖科夫是国际动机式访谈培训师,同时也是匹兹堡大学心理学和精神病学系的一名教师。

邦妮·戈斯卡克(Bonnie Gorscak)博士是一位心理学家和动机式访谈执业者,在心理健康领域工作了30年。

图书在版编目(CIP)数据

动机式访谈手册 / (美) 艾伦·祖科夫
(Allan Zuckoff), (美) 邦妮·戈斯卡克
(Bonnie Gorscak) 著 ; 庄艳译. -- 重庆 : 重庆大学出
版社, 2025. 6. -- (心理咨询师系列). -- ISBN 978-7-
5689-5069-5

Ⅰ. B841

中国国家版本馆 CIP 数据核字第 2025V7R779 号

动机式访谈手册

DONGJISHI FANGTAN SHOUCE

[美]艾伦·祖科夫(Allan Zuckoff)　　　　　著
[美]邦妮·戈斯卡克(Bonnie Gorscak)
庄艳　译
鹿鸣心理策划人:王　斌
责任编辑:赵艳君　　版式设计:赵艳君
责任校对:关德强　　责任印制:赵　晟
＊
重庆大学出版社出版发行
出版人:陈晓阳
社址:重庆市沙坪坝区大学城西路21号
邮编:401331
电话:(023)88617190　88617185(中小学)
传真:(023)88617186　88617166
网址:http://www.cqup.com.cn
邮箱:fxk@cqup.com.cn(营销中心)
全国新华书店经销
重庆市正前方彩色印刷有限公司印刷
＊
开本:787mm×1092mm　1/16　印张:21.25　字数:318千
2025年7月第1版　　2025年7月第1次印刷
ISBN 978-7-5689-5069-5　定价:99.00元